\ よくわかる /

# デジタル数学

## 離散数学へのアプローチ

阿部 圭一 著

近代科学社

# まえがき —— この本の特長と使いかた ——

## この本の特長

### ■ 書名について

この本の内容は、普通「離散数学」と呼ばれています。しかし、離散数学と言っても、情報系と数学の人や学生以外にはわからないと思います。もっと一般の人や学生にイメージしてもらえるように、「デジタル数学」という言葉を使いました。

### ■ 学習者の立場で書かれている

この本は、「あとがき」に書いたように、文系の学生向けの授業が基になっています。彼らがどういう点がわからないのか、どういうところでつまずくのかを知って、細かい点まで記述のしかたを工夫しました。また、一貫した用語や説明によって、理解しやすくしました。

### ■ 思考の道具を学ぶ

私は「数学は道具」だと割り切っています。数学者以外にとってはそうでしょう。学校で習ったほとんどの算数・数学は「計算の道具」だったと思います。しかし、デジタル数学は、コラム 1.3 (p.7) で述べるように「思考の道具」なのです。「数学」として学ぶのではなく、「思考の道具」として学べるように書いています。

演習問題も、数学としての問題だけでなく、「考える」問題をたくさん用意しました。

### ■ 社会での活用例を豊富に

思考の道具として使えるように、応用例や社会での活用例をたくさん示しました。その結果、「おもしろく学べる」ようになったと思います。

### ■ 集合でなく、グラフから始める

離散数学の教科書は、集合・関係・写像から始まるのが普通です。この本ではその慣習を大胆に破って、図で理解しやすいグラフから始めています。理由はコラム 7.2 (p.68) で説明します。

## この本の使いかた

### ■ 文系および専門学科以外の理系の学生へ

　離散数学の授業はないでしょう。しかし、デジタル数学は情報科学技術（IT）を理解するための基礎です。これからの IT 時代には、文系か理系か、専門学科であるかないかを問わず、デジタル数学は必要な共通の常識となるでしょう。この本は自学自習もできるように書きました。

### ■ 専門学科（情報系、数学科）の学生へ

　離散数学の教科書のなかでは、いちばん「よくわかる」と自負しています。これまでの教科書でわからなかった人も、再度挑戦してみてください。

### ■ 社会人の読者へ

　集合のベン図とか、MECE とかを、ロジカル・シンキングに関する本で勉強した方も多いと思います。この本は、そういった思考の道具を断片的に知っている方が、広く統一した視点で、整理して理解できるようにレベルアップすることを目指しています。そのために、興味をひきやすい応用例もいっぱい採りあげました。

### ■ 授業で教えられる先生へ

　別に「インストラクションガイド」を用意しましたので、そちらをご覧ください。

# 目　次

## コラム

## ケーニヒスベルクの橋渡り問題とは

　さっそく最初の課題に取り組んでいただきましょう。「ケーニヒスベルクの橋渡り」という問題です。ケーニヒスベルクは18世紀にドイツの東方にあった街で、今はロシア領になっています。

　ケーニヒスベルクの街は、図1のように川の支流と中州によって4つの地区に分かれています。憶えやすいように、日本式に北区、中区、南区、東区と名づけましょう。これらの区のあいだには図のように7つの橋がかかっています。

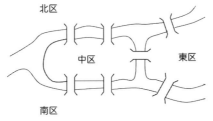

図1　ケーニヒスベルクの街

【例題 1.1】どの区から出発してどの区で終わってもいいから、7つの橋すべてをそれぞれ一度ずつ通る渡りかたを見つけてください。同じ橋を二度渡ってはいけないのです——たとえ逆方向からでも。もちろん、図に表されていない遠くを大回りするなんていうのは違反です。

　下に同じ図がいくつかありますから、取りかかってみてください。さあ、どうぞ。

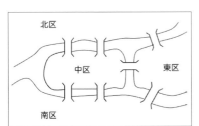
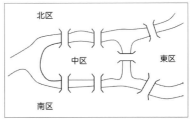

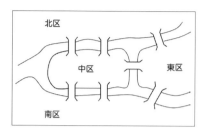
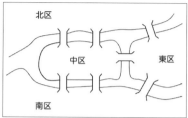

　えっ、できないですって？　困りましたね。では、「できない」、つまりこの問題は不可能であることを証明できますか？　いろいろやってみたけど、できなかったから不可能だ、ですって？　それは「証明」にはなっていません。あなたが試さなかった渡りかたでできるという可能性は、わずかかもしれませんが残っていますから。

　だから嫌なんだよね、数学は。すぐ「証明」なんて言い出して、しかも厳密さにこだわってうるさいんだから、とおっしゃりたい？　でもね、このケーニヒスベルクの橋渡り問題は、エレガントな方法で「不可能である」ことが証明できるのです。さあ、これからそれを見てみましょう。

### 問題の本質だけを表した図をつくる

　まず、4つの区をそれぞれ1点に縮小させてしまいます。1点に縮小させてよい理由は、区のなかで動き回るのはこの問題に影響しないからです。各区がどの位置にあるかとか、どんな形だとか、どんな大きさだとかいうことは、「7つの橋を一度ずつ渡る」ことと無関係です。同様に、橋についても、材料とか幅とか長さとかは問題に関係しません。ですから、図2のように、4つの区を表す点のあいだを結ぶ線で橋を表しましょう。線が直線か曲線かとか、長さの情報は意味がありません。どの点（区）とどの点（区）を結んでいるかだけが意味のある情報です。図2が、ケーニヒスベルクの橋渡り問題における図1の本質的な情報を表していることは、納得していただけますか？

　そうすると、例題1.1は図2を使って次のように言い換えることができます。

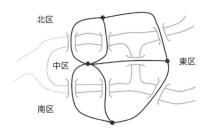

図 2　区を点で、橋を線で表した図

**【例題 1.1´】** どの点から出発してどの点で終わってもいいから、7 つの線をそれぞれ一度ずつ、すべてたどるたどり方を見つけてください。

　これって、何か子どものころにやった遊びのような気がしませんか？　そう、**一筆書き**です。図 2 の図形を紙から筆を離さないで一筆で描けるか、という問題です。もちろん、紙を折り曲げて 2 つの線を一度に書くなんていうのはインチキですよ。

## 一筆書きできるかできないかを判定する

　一筆書きができるかできないかは、図 2 だけでなく、どんな図形を与えられても判定可能です。それだけでなく、図形のどの点から出発してどのようにたどればよいかという書きかたまでわかっています。ケーニヒスベルクの橋渡り問題に頭を悩ませていた街の人たちにエレガントな解答を与えたのは、**オイラー**（Leonhard Euler, 1707-1783）という数学者でした。彼は、

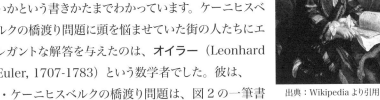

出典：Wikipedia より引用

・ケーニヒスベルクの橋渡り問題は、図 2 の一筆書きの問題に帰着する

・図 2 は一筆書きできない

ことを示したのです。

　しばらくのあいだ、図 2 を例としながら、任意の図形が一筆書きできるかどうかを考えていきます。各点から出ている線の本数を**次数**(degree)と言います。

図2では北区と南区と東区の次数は3、中区の次数は5です。すべて奇数で、次数が奇数である点が4個あります。図形が一筆書きできるかどうかは、次数が奇数である点の個数によって決まります。

[演習 1.1] 次数が奇数である点の個数は必ず偶数個になります。すなわち、0個、2個、4個、……といった具合です。その理由を考えてください。
（演習の解答は講の終わりにあります。）

　上の演習のように、次数が奇数である点の個数は必ず偶数個になります。

---

**一筆書きの可能・不可能性**
　次数が奇数である点が0個と2個の図形は一筆書きができます。4個以上の図形は一筆書きできません。

---

　その理由を説明します。次数が奇数である、つまりそこから奇数本の線が出ている点は、一筆書きの出発点か終点にしかなれません。なぜなら、一筆書きの途中の点は、その点に寄るたびにそこへ入ってくる線とそこから出ていく線の2本を使うからです。次数が奇数の点は、たどる途中でそうやって2本ずつ使っていくと、1本の線が余ります。その線はそこから出発するか、そこで終わるかに使うしかないわけです。

　出発点と終点は合わせて2個ですから、次数が奇数である点が4個以上ある図形は一筆書きができないのです。

## 一筆書きのたどり方

　次数が奇数である点が2個の図形では、その一方から出発して他方で終わるようにうまくたどれば一筆書きができます。次数が奇数である点が0個の図形のときは、どの点から出発しても、うまくたどれば一筆書きができます。ここで「うまくたどれば」と書いた部分は、実際には次のように行います。

　次数が奇数である点が2個の場合には、その一方から出発して他方で終わるようにともかくたどってみます。次数が奇数である点が0個の場合には、どこから出発してどこで終わってもよいから、ともかくたどってみます。どちらの場合も、

まだ通っていない線があれば、先ほどたどった道からある点を選んで、そこから寄り道をしてその点に戻ってくる道を付け足したものに修正します。この修正を繰り返せばできます。

[演習 1.2] 図3に示す図形を、一筆書きできる図形とできない図形に分けてください。一筆書きできる図形は、一筆書きしてください。一筆書きできない図形については、線を1本だけ付け加えて一筆書きできる図形に変えることが可能でしょうか? そうである図形とそうでない図形とを区別してください。その区別の根拠は何ですか?

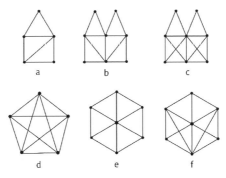

● は点を表す ● がない交点は線が交わっているだけ

図3 一筆書きできますか?

[演習 1.3] すべての橋を2回ずつ渡るという条件に変えると、どんな橋渡りでもできます。理由を説明してください。ケーニヒスベルクの橋渡りで、可能なたどり方を示してください。

---

### 第1講のまとめ
・ケーニヒスベルクの橋渡り問題は、区を点で、橋を線で表した図に変換すると、一筆書きの問題になる。
・奇数本の線が出ている点が0個か2個ならば一筆書きでき、4個以上ならば一筆書きはできない。
・この性質は一般的であるので、任意の街の橋渡り問題が解決した。

## コラム **1.1**　　数学は抽象化

　私たちは、オイラーの解法にしたがって、ケーニヒスベルクの地図（図1）を点と線からなる図形（図2）に変換しました。橋渡り問題を考えるには、区の形や大きさは関係ないと言って各区を1点に縮小しました。橋の材料、幅、長さは関係ないとして1本の線で表しました。その線も、長さや曲がりかたは無関係で、どの点とどの点を結んでいるかだけが必要な情報でした。

　このように、図1から、橋渡り問題に本質的な情報だけを持つ図2を得ることを**抽象化**（abstraction）と言います。抽象化は数学の根本をなす考えかたですが、授業でもあまり教えられませんし、理解している人は少ないと思います。数学は計算に関する学問だと思っている人が多いのではないでしょうか。

　実は、2＋3＝5という簡単な計算にすら、抽象化が行われています。これは、「りんごがあそこに2つとここに3つあったら、合わせて5つ」ということも、「みかん2つとみかん3つなら合計5つ」も表します。「鉛筆2本と3本なら合わせて5本」とか、考えていったら切りがありません。物ごとに「合わせていくつ」とそのつど考えていったら、たまったものではないでしょう。さらに、10個をひとまとめにして、「10個を2つに10個をもう3つなら合わせて10個が5つ、つまり50だ」という使いかたもできます。2＋3＝5は、これらすべて（や他の無数）の具体例を「抽象化」して表現しているわけです。

　この本で扱うデジタル数学とは、計算の学問というよりは、物事を抽象化して考えるための学問なのです。

## コラム **1.2**　　デジタル数学と離散数学

　この本でデジタル数学と言っている数学の分野は、正式には「離散数学（discrete mathematics）」と呼ばれます。離散数学と言っても、数学や情報科学を勉強した人以外にはよくわからないと思います。そこで、普通の人でもイメージがつかみやすい「デジタル数学」をタイトルに採用しました。

　「デジタル」と「離散」は縁の深い用語ですが、少し意味が違います。**離散**あるいは**離散的**（discrete）とは飛び飛びの値という意味です。たとえば整数です。人数は整数になり、3.6人などとはなりません。円で表した金額も整数で、1円、2円、……となり、その中間の値はありません。

　**デジタル**（digital）[1]とは、離散的な値を数字で表す表示法です。ですから、

---

1　学術用語としては、「ディジタル」と表記することになっています。小中高の「情報」の授業でもディジタルが使われています。世間一般では、デジタルカメラなどデジタルという表記が広まってしまい、悩ましいところです。

離散がデジタルの前提となっているわけです。日常生活では 10 進法が用いられています。デジタルは桁を意味するディジット（digit）の形容詞で、digit は指というもともとの意味からきています。ただし、コンピューターは 2 進法で計算していることはご存知と思います。これについては、第 12 講でその初歩を学びます。

　離散とデジタルの反対の用語は、**連続**（continuous）と**アナログ**（analog）です。連続とは、離散のように飛び飛びの値ではなく、ずっとつながっている量です。たとえば、時間とか、長さとか、重さは連続な量と考えられます。時間（あるいは時刻）を考えてみましょう。時と分で示すデジタル時計では何時何分までしか出ませんが、実際には秒の値も刻々と増しているはずです。秒未満の値も普通の時計では計れないだけで、XX.XX…秒と連続的に変化しているはずです。陸上や水泳など、スピードを競うスポーツでは 0.01 秒まで計れる装置が用いられていますね。

　アナログというのは、連続的な数値をそれに比例する何らかの連続的な物理量、たとえば長さとか角度とかで表す表示法です。アナログは analogy（類似）という英語からきています。アナログ表示とデジタル表示の最も身近な例は、時分秒を真上（12 時のところ）からの針の指す右回りの角度で表すアナログ時計と、数字 4 桁あるいは 6 桁で表すデジタル時計です。

## コラム1.3　　考える道具のレパートリーを増やす

　図 1 のケーニヒスベルクの地図を図 2 のような点と線からなる図形に変換しました。図 2 は橋渡りに必要な情報だけを抽象化して表しています。この本では、ずっとさまざまな抽象化の技法を紹介していきます。そのような抽象化の方法は、あなたが学校や組織や社会で出会うさまざまな問題の解決に取りくむときに、考えかたの一つの道具として役立てることができます。

　考えかたの道具というか、思考のためのひな型、モデルというか、そういうものはたくさんのレパートリーを持っているほうが得だと思います。言葉による説明、図解、計算や、統計学的な、経済学的な、法律的な、哲学的な、心理学的な、自然科学的な、それぞれの考えかた。あなたはもうそのいくつかを持っていて、道具として使えると思います。**この本で学ぶ目的は、そのような道具箱に、抽象化やデジタル数学で用いる概念という道具を付け加えることです。**

**演習の解答**

[演習 1.1] 1 つの線には両端があり、それぞれ別の点に結びついています。すべての点の次数の合計を考えると、それぞれの線は 2 つの点の次数に 1 ずつ寄与します。ですから、次数の合計は 2 の倍数、すなわち偶数になります。この合計から次数が偶数である点の次数を引いていくと、次数が奇数の点だけの次数の合計が残り、それは偶数です。偶数から偶数を引いた残りは偶数だからです。次数が奇数の点が奇数個あるとすると、それらの次数の合計は奇数になってしまい矛盾します。ですから、次数が奇数の点は偶数個であることが示せました。

　線の両方の端がそこの点の次数にカウントされますから、すべての点の次数の合計は線の本数の 2 倍になるはずです。実際、図 2 では、

$$3 + 5 + 3 + 3 = 14 = 7 \times 2$$

[演習 1.2]

一筆書きできる図形：a, b, d

一筆書きできない図形：c, e, f

　そのうち、線を 1 本だけ付け加えて一筆書きできる図形：c, f　（字数が奇数である点が 4 個。どこに線を付け加えるかは自分で考えてください——複数の解答があります。e は、字数が奇数である点が 6 個。）

[演習 1.3] どの点の次数も偶数になるからです。たどり方については、自分で試みてください。

# 迷路で遊ぼう

　今回は迷路を考えます。紙の上の迷路は、新聞や雑誌のパズル欄でよく見かけます。迷路を作る無料ソフトも公開されています。ひまわりやすすきで作った巨大迷路もあちこちで造られています。迷路の入口から入って確実に出口に抜ける、あるいは元の入口へ戻る方法を考えましょう。紙の上の迷路だと、ある程度広い範囲を鳥の目のように見ることができますが、実物の迷路だとすぐ近くまで行かないと行き止まりかどうかわからないので大変です。それだけ楽しめるわけですが。

　図 4 に 3 つの迷路を示します。これらの迷路はどれも入口 1 つと出口 1 つを持っています。宮廷の庭園に造られた迷路とか洞窟などでは、入口 1 つだけで、それとは別の出口がない場合もあります。(a) や (b) のような小さな迷路だったら、簡単に出口に抜ける道が見つかります。後の説明のために、(a)、(b) には入口と出口、分岐点、行き止まりにアルファベットを付けています。迷路作成ソフトで作った (c) はかなり手こずるでしょう。これが実際の迷路だったら、途中で迷ってしまって飢え死になんてこともあり得るかもしれません。そうならない方法を考えようというわけです。

**確実に迷路から出られる方法 ── 右手法**

　大きな複雑な迷路でも、その中で飢え死にしないで出口に抜けられる、あるいは入口に戻ってくることができる方法があります。「右手法」あるいは「左手法」と呼ばれています。入口から入るときに、右手で右側の壁に（左手法では左手で左の壁に）さわります。そのまま、右手を壁につけたまま、迷路の奥へと進みます。図 4(a) で、そのように右手を右側の壁につけたまま迷路をたどって行ってみてください。出口へ抜けられましたか？　もし、出口が壁で閉じられていたとして右手法を続けていくと、入口へ戻ってこられるはずです。

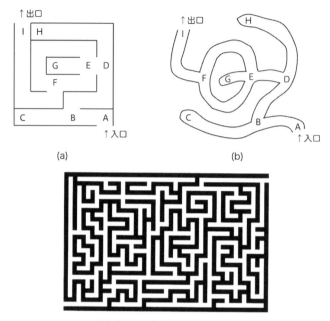

(c) 迷路作成ソフト「迷路プリント」で作った例

図4　迷路の例

[演習 2.1] 出口が閉じられていると仮定して、入口から右手法でたどったときと、左手法でたどったときとの、たどる道はどういう関係になっているでしょうか?

　でも、図4(a) の迷路の中央の G のところに宝が隠してあって、それを取って出口へ行くか入口へ戻りたいと仮定します。右手法や左手法では、宝のところへたどりつけません。一般に、右手法・左手法は、入口または出口へ行きつくことは保証されていますが、迷路の中のすべての部分をたどることは保証されていません。さあ、では迷路の中のすべての部分をたどる確実な方法はあるのでしょうか?　次にこれを示します。ただしその前に、第1講でやったのと同じような抽象化を迷路にたいしても適用してみましょう。

## 迷路も点と線で表すことができる

　第1講でやったのと同じように、迷路も点と線で表した図に変換できます。入口・出口・分岐点・行き止まりを点で表します。点の位置は適当で結構です。2つの点のあいだで行き来できる道があるときは点を線で結びます。道が曲がりくねっていても、適当な線で結んでください。第1講と同じように、線はどの点とどの点のあいだに道があるかを示すだけなので、線の形や長さに意味はありません。

　図4(a)の迷路をこのように点と線で表すと、図5になります。点につけてあるアルファベットは元の迷路の入口・出口・分岐点・行き止まりを表します。

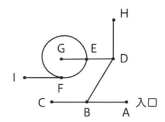

図5　図4(a)を点と線に変換した図

[演習2.2] 図4(b)の迷路を点と線で表した図に変換してください。

## 迷路の中のすべての部分をたどる方法

　最初に、使う言葉を次のように定義します。分岐点とは3分岐だけでなく、いくつに分岐していても分岐点と呼びます。

　　新しい分岐点：前に来たことのない分岐点

　　古い分岐点：前に来たことのある分岐点

　　新しい道：前に通ったことのない道

　　古い道：（逆方向も含めて）前に通ったことのある道

実際の迷路では、新しい分岐点に出会うたびに、どの道から来たかわかるように目印を置きます。目印がすでにある分岐点は古いとなります。分岐点から新しい道をたどるときも道に目印を置きます。すでに目印のある道は古い道です。

　入口から次の規則にしたがって進みます。

（ルール1）　新しい分岐点に来たときは、どれかの道を選んで進む。

（ルール2）　新しい道を通っていて、古い分岐点か行き止まりに出たときは、今来た道を戻る。

（ルール3）　古い道を通っていて古い分岐点に出たときは、新しい道があればその一つを選んで行く。新しい道がなければその分岐点へ最初に来た道を戻る。

（ルール4）　出口に達しても、出ないで上の規則を続ける。

（ルール5）　入口へ戻ったら、（入口が分岐点で新しい道がないかぎり）終わり。

　図4(a) で上の方法を試してみましょう。図4(a) でやってもいいですし、それを変換した図5でやってもいいです。以下の説明が面倒だと思う人は読み飛ばしてもかまいません。

　入口AからBへ進みます。Bは新しい分岐点で、Cへ行く道もDへ行く道も新しい道です。Cへの道を選んで行ってみましょう（ルール1）。Cは行き止まりですから、Bへ戻ります（ルール2）。残ったDへの道を進みます。Dは新しい分岐点で、Eへ行く道もHへ行く道も新しい道です。Eへ進んでみます。Eも新しい分岐点で、Fへ行く道もGへ行く道も新しい道です。Fへ進んでみます。Fも新しい分岐点で、Eと出口Iに行く新しい道があります。出口Iに行ってみましょう。

　ルール4にしたがって、出口を行き止まりと見なしてFに戻ります。Fは古い分岐点ですから、ルール3によれば新しい道をたどってEへ行くことになります。Eも古い分岐点ですから、ルール3にしたがってGへの新しい道を選びます。無事に宝のあるG点に到達しました。

　Gは行き止まりですから、Eに戻ります。Eは古い分岐点で新しい道はもうありませんから、Eへ最初に来たDへの道に行きます（ルール3）。Dは古い分岐点で、Hへの新しい道がありますからHへ行って、行き止まりなのでDに戻ります。Dからの新しい道はもうありませんから、最初に来たBへの道を行きます。Bでも同様に最初に来たAへの道を行きます。入口Aに着けば終わりです（ルール5）。これでG点にあった宝を持って入口Aに帰ることができました。新しい道のなかから選ぶとき、上とは別の選びかたをしても、同じように迷路全体をたどることができます。試してみてください。

洞窟のような自然の迷路で上の方法を適用するには、注意が必要です。2つの分岐点がごく近くにあるとき、行きには1つの分岐点と見なし、戻ってきたときは2つの分岐点と見なすと、混乱が生じます。また、天井などに最初は気がつかない枝道がある場合も問題になります。

## コラム 2.1　　アルゴリズムとは

　与えられた仕事を処理する手順を**アルゴリズム**（algorithm）と言います。アルゴリズムは自然言語（日本語）か、アルゴリズム記述用に工夫された図の中に自然言語で書きこんで表します。コンピューターで処理する場合は、コンピューターで実行できるプログラムを作る一歩手前の、人間向けの表現です。

　第1講で学んだ「一筆書きのたどり方」や、先ほどの「迷路の中のすべての部分をたどる方法」はアルゴリズムの例です。アルゴリズムは、ある範囲の仕事ならばどれでもできる方法の記述であることを要します。一筆書きをたどるアルゴリズムは、一筆書きできるどんな図形にも適用できなければなりません。迷路のなかのすべての部分をたどるアルゴリズムは、どんな迷路でも成功しなければなりません。紹介した2つの方法は、アルゴリズムとしてこの要件を備えています。

---

**第2講のまとめ**
・右手法や左手法では、出口に到達する（あるいは入口に帰ってくる）
　ことはできるが、迷路中のすべての場所に行くことはできない。
・迷路中のすべての場所に行く方法（アルゴリズム）がある。

---

**演習の解答**
［演習2.1］逆の順路になります。
［演習2.2］図5と同じになります。

## グラフの概念

　これまでに見た図2, 3, 5はグラフと呼ばれます。グラフと言っても、円グラフ、棒グラフ、折れ線グラフのような意味のグラフではなく、$x^2 - 1$のグラフというような意味のグラフでもありません。数学の一分野である「グラフ理論」で扱われる**グラフ**（graph）という概念です。図2は正確にはグラフではなく、**多重グラフ**（multigraph）と呼ばれます。グラフでは、ある点と別の点を結ぶ線は1本あるかないかで、複数本の線は認めていないからです。

　グラフは次のように定義されます。

・いくつかの点の集まりを考える。

・すべての点と点の対（ペア）にたいして、線で結ぶか結ばないかを決める。

　これまで点と言ってきたものを、グラフ理論では頂点と呼びます。節点とも、単に点と呼ぶこともあります。以下では**頂点**（vertex）という用語を使います。線と言ってきたものは**辺**（edge）と呼ばれます。

　上の定義に従うものをすべてグラフと見なすと、すべての頂点が辺によって間接的につながっているとは限りません。相互につながっていない複数の部分からなり、その全体を1つのグラフと考えることも可能です。しかし、この本では、すべての頂点が、いくつかの辺を介して間接的につながったグラフだけを扱うことにします。グラフ理論では**連結グラフ**（connected graph）と呼びます。

## 平面グラフ

　辺が交わっていないグラフを**平面グラフ**（plane graph）と言います。頂点と辺との接続関係を保存したまま、辺が交わらないように描き直すことのできるグラフを**平面的グラフ**（planar graph）と言います。図6(a) の図形は辺が交わっていますが、(b) のように書き直せば交わらないようにできます。したがって、(a) は平面的グラフ、(b) は平面グラフです。

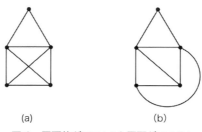

図 6　平面的グラフ (a) と平面グラフ (b)

　例題を 2 つやってみましょう。

## 【例題 3.1】　5 人の王子の問題

　ある国の王様が臨終にあたって 5 人の王子を呼び、次のように言いました。「王国を 5 人の領地に分けなさい。ただし、どの領地もほかの 4 人の領地と隣り合っていなければならない。飛び地は認めない。」そのような分けかたはできるでしょうか?

　1 点でだけ接している場合は「隣り合っている」とは言わないことにします。アメリカ合衆国のユタ、コロラド、ニューメキシコ、アリゾナの 4 州は、この順に 1 点で接していますが、対角の位置にあるユタ州とニューメキシコ州、コロラド州とアリゾナ州は隣り合っているとは見なしません。

［解答］できません。5 人の王子の領地を 5 つの頂点で、隣り合っていることを辺で表したグラフを作ると、図 7(a) になります。このグラフは平面的でない、つまり、接続関係を保ったまま、どう頂点や辺を動かしても辺が交わってしまうことが知られています。

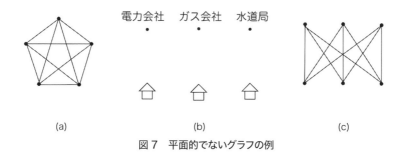

図 7　平面的でないグラフの例

## 【例題 3.2】 ３軒の家と電気・ガス・水道の問題

　３軒の家が新築されました。そこへ電気とガスと水道を引きたいのですが、家の持ち主たちは仲が悪く、引く線や管路が他の人への線や管路と公差しない（立体交差もダメ）ように引きたいと主張しています。もちろん自分の家の上や下を通すのはもってのほかです。この人たちの主張を満たすように線や管路を引くことができるでしょうか？　図7(b) で、いろいろと試してください。

[解答] できません。図7(b) で上の３つの頂点から下の３つの頂点（家）へすべて辺を作ったグラフを (c) に示します。面白いことに、平面的でないすべてのグラフは、図7(a) のグラフか、(c) のグラフのどちらかを部分として持つことが証明されています。その意味で、上の２つのグラフは平面的でないグラフの基本形であると言えます。

## オイラーの式

　図8にいくつかの平面グラフを示します。ある頂点から辺をたどって元の頂点に戻る道を**ループ**（loop）と言います。(a) のグラフには、２つのループ ABCA と BCDB があります。ABDCA もループですが、これは先の２つのループを合わせたものですから、考えに入れません。ABCA や BCDB のような基本的なループによって囲まれる領域を、**面**（face）と呼びます。(d) のように４つ以上の頂点をたどるループも、それで囲まれた面を作ります。また、平面グラフの外側にある領域（背景）も１つの面と考えることにします。

　平面グラフでは、頂点の数、辺の数、面の数のあいだに次の関係が成り立ちます。

$$頂点の数 － 辺の数 ＋ 面の数 ＝ 2$$

　これもオイラーが発見し、（平面グラフに関する）**オイラーの式**（Euler's formula）[1]と呼ばれています。そうです、ケーニヒスベルクの橋渡りを解決した、あのオイラーです。左辺の式（頂点の数－辺の数＋面の数）が何度も出てくるので、簡単のために、ここではそれを「オイラー数」と呼ぶことにしましょう[2]。図8の４つの平面グラフについてオイラー数を計算してみると、表１のようになり、オイラーの式が成り立っていることがわかります。

---

1　「平面グラフに関する」、あるいは後に出てくるように「多面体に関する」という修飾語を付けないと、もっと重要な「オイラーの公式」や「オイラーの等式」と混同される恐れがあります。
2　これもまた、もっと重要なオイラー数がありますので、ここだけで使う仮の呼びかたと考えてください。

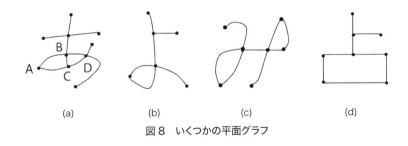

| | | | |
|:---:|:---:|:---:|:---:|
| (a) | (b) | (c) | (d) |

図8　いくつかの平面グラフ

表1　平面グラフにたいするオイラー数の計算例

| グラフ | 頂点の数 | 辺の数 | 面の数 | オイラー数 |
|:---:|:---:|:---:|:---:|:---:|
| (a) | 10 | 11 | 3 | 2 |
| (b) | 6 | 6 | 2 | 2 |
| (c) | 7 | 8 | 3 | 2 |
| (d) | 8 | 8 | 2 | 2 |

[演習 3.1] 適当な平面グラフを描いて、オイラー数を計算してみてください。

では、オイラーの式を証明しましょう。

私たちは、連結した平面グラフだけを考えていることを確認しておきます。まず、頂点が1個だけあり、辺がないグラフを考えます。この講の最初に述べたグラフの定義によれば、これもグラフです。このグラフでは、頂点の数＝1、辺の数＝0、面の数＝1（背景）ですから、オイラーの式は成り立っています。

次にこのグラフに辺を1本加えます。辺を加えると辺の反対側に頂点ができます。頂点の数は2になり、辺の数は1です。面の数は1のままです。オイラーの式は成り立っています。これを続けて、どんどん辺を伸ばしていったり、枝状に辺を作ったりするとします。常に、辺が1増えると同時に頂点も1増えます。ですから、（頂点の数−辺の数）は、最初の頂点1つだけのグラフのときと変わらず1のままで、面の数は1です。したがって、頂点の数−辺の数＋面の数＝2が成り立ちます。

しかし、辺の数が2以上のときには、これと違う新しい辺の付け加えかたがあります。たとえば、2つの辺で結ばれている3頂点を考えましょう。両端の

17

頂点を結ぶように新しい辺を付け加えて3角形にすることもできます。このとき、頂点の数は増えません。しかし、その代わり面が1つできます。このように、すでにある頂点どうしを結ぶように新しい辺を付け加えると、頂点の数は変わらず、辺の数と面の数がともに1ずつ増えます。ですから、このような辺の付け加えかたをしても、（頂点の数−辺の数＋面の数）は変わらず、2のままです。

　注意深い読者は、これは辺の数に関する数学的帰納法ではないかと思われたでしょう。そのとおりです。数学的帰納法だって？　学校で教えられたとき、よくわからんかったよ。誤魔化されたみたいで、証明できた気がしなくて……、とおっしゃるのですか？　ま、いいことにしましょう。図8の4つの平面グラフについても、あなたが適当に考えた平面グラフについても成り立っているのですから、証明できたことにしてください。

## 多面体にたいするオイラー数

　平面グラフから離れて、立体を考えてみましょう。面がすべて平面の多角形である立体を**多面体**（polyhedron）と言います。面がすべて同じ正多角形で作られる多面体を正多面体と言って、図9に示す5種類しかありません。これらの正多面体について、頂点の数、辺（立体では**稜**と呼びます）の数、面の数を計算して、オイラー数を求めてみましょう。結果を表2に示します。

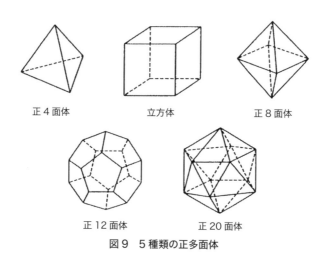

正4面体　　　　立方体　　　　正8面体

正12面体　　　　正20面体

図9　5種類の正多面体

表 2　正多面体のオイラー数

| 正多面体 | 頂点の数 | 辺の数 | 面の数 | オイラー数<br>（頂点の数<br>− 辺の数<br>+ 面の数） |
|---|---|---|---|---|
| 正 4 面体 | 4 | 6 | 4 | 2 |
| 立方体 | 8 | 12 | 6 | 2 |
| 正 8 面体 | 6 | 12 | 8 | 2 |
| 正 12 面体 | 20 | 30 | 12 | 2 |
| 正 20 面体 | 12 | 30 | 20 | 2 |

　あれ、オイラー数はどれも 2 ですね。実は、正多面体だけでなく、どんな多面体でもオイラー数は 2 となり、オイラーの式が成り立つのです。

[演習 3.2] 図 10 にいくつかの多面体が示してありますから、オイラー数を計算してみてください。(d) のような穴のあいた多面体でも 2 になります。

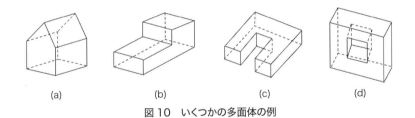

(a)　　　　　　(b)　　　　　　(c)　　　　　　(d)

図 10　いくつかの多面体の例

[ヒント] 辺を間違いなく数えるには、平行ないくつかの面上の辺と、それらの面に垂直な辺に分けて考えるとよいでしょう。面の数については、背面と底面を数え落とさないようにしてください。オイラー数が 2 にならなかったら、数え間違いをしている証拠です。

　では、なぜ多面体ではオイラー数が 2 になるのかを説明します。立方体を例にとって考えましょう。立方体の 1 つの面を切り取って、他の面が柔軟なゴム膜でできていると思って平面上に強引に広げると、図 11 のようになります。これは 1 つの平面グラフですから、オイラー数は 2 ですね。すなわち、

$$頂点の数 − 辺の数 + 面の数 \ = 2$$

切り取った面というのは、平面グラフの背景の面になっているわけです。一貫して説明できるように、あらかじめ平面グラフでも背景を1つの面として数えておいたのです。

図11　立方体の1面を切り取って、他の面を広げる

[演習 3.3] 図12のサッカーボールは、12個の5角形と20個の6角形からできています。本当は各面が少し膨らんでいますが、平面とみなして多面体と考えてください。サッカーボールのオイラー数を計算してください。首尾よく2になりましたか?

図12　サッカーボール

## 四色問題（よんしょくもんだい）

　平面の上にいくつかの国（とか県とか）の境界線が描かれた地図を考えます。国はすべて他の国を介してつながっていて、飛び離れた国はないものとします。一例が図13にあります。これは、日本の都道府県（すべて県と呼びます）のうち、福島県・新潟県から兵庫県までの範囲を示した地図です。

図13　四色塗り分けの演習問題

【問題】隣り合った国（県など）を違う色で塗るためには、最低何色が必要でしょうか？5人の王子の問題と同じように、1点だけで接している国は隣り合っているとは見なしません。飛び地も考えません。

　最低4色必要であることは、容易にわかります。奇数個の県と隣り合っている県を考えます。図13の滋賀県は福井県からはじめて時計回りに岐阜県、三重県、奈良県、京都府と隣り合っています。滋賀県を色1、福井県を色2で塗ると、岐阜県にはどちらとも違う色3を塗ることになります。次の三重県にはもう一度色2が使えます。奈良県には色3、と交互に色2、色3を使っていくと、京都府は色2の番になります。しかし、京都府は福井県と隣り合っていますから、色2で塗ることはできません。4番目の色が必要になるわけです。

　問題は、4色で足りるかということです。さまざまな実際の地図や人為的につくりだした地図で試したところ、どれも4色で塗り分けられました。そこで、どんな複雑な地図を持ってきても4色で塗り分けられるという予想が立てられました。しかし、その証明にはずいぶん時間がかかりましたし、数学史における興味深い例として知られています。

[演習 3.4] 図13の地図を4色で塗り分けてみてください。いろいろと試していただくために、同じ地図を4枚用意しました。

　さらに、回りが海であると仮定して、それにも1色あてて4色で塗り分けてください。そのとき、海に接していない県は海と同じ色で塗ってもかまいません。

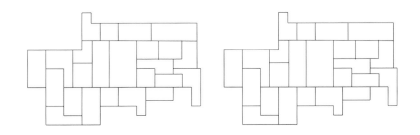

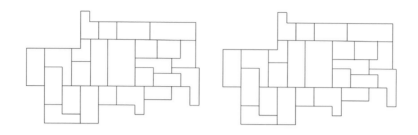

　図13の各県の中に県を代表する頂点を置き、隣り合う県のあいだに県境を横切るように辺を引くと、県の隣接関係を示すグラフが得られます。四色問題は、辺で結ばれた頂点が異なる色になるように頂点を4色で塗り分けられるか?と言い換えられます。

　平面上のどんな地図も4色で塗り分けられることは、1976年に米国イリノイ大学のアッペルとハーケンによって証明されました。その証明のしかたはそれまでの数学の常識を破ったものでした。約2,000通りの地図(隣接関係グラフ)について、4色で塗り分けられることをコンピュータ・プログラムで検証したのです。平面上の地図は無限にありますから、この約2,000通りの地図について証明すればすべての地図について証明できたことになることを示す必要があります。これは、何人もの数学者の努力によって追い詰められてきて、最後の一歩をアッペルとハーマンが完成したのです。

　コンピュータによって膨大な計算をすることで証明するのが、数学的証明と言えるのかという議論が最初はありました。他の数学者がこの証明を正しいと納得するには、プログラムを検査してそれが目的にたいして正しい計算をすることを確認する必要がありました。そういう手続きを経て、四色問題は四色定理と認められました。


　平面だけでなく、円柱や球の表面に描かれたどんな地図も4色で塗り分けられることがわかっています。ドーナツの表面に描かれた地図では、図14のように7色必要です。上端と下端を後ろ側でくっつけて円筒を作り、円筒の右端と左端を合わせてドーナツの形にしてみてください。

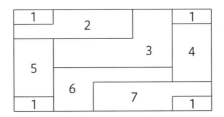

図14　ドーナツ面では 7 色必要

---

## 第 3 講のまとめ

・グラフ理論の対象となるグラフは、いくつかの頂点を辺で結んだという数学的概念である。

・辺が交差していないグラフを平面グラフと言う。

・平面グラフでは、

　　　頂点の数−辺の数＋面の数＝ 2

　という式が成り立つ。ただし、背景も 1 つの面と数える。

・多面体でも、頂点の数−辺の数＋面の数＝ 2 が成り立つ。

・平面上のどんな地図でも、4 色あれば、隣り合った国が異なる色になるように塗り分けることができる。

---

### 演習の解答

[演習 3.2] 下記のとおり。

|     | 頂点の数 | 辺の数 | 面の数 | オイラー数 |
|-----|--------|-------|-------|---------|
| (a) | 10     | 15    | 7     | 2       |
| (b) | 12     | 18    | 8     | 2       |
| (c) | 16     | 24    | 10    | 2       |
| (d) | 16     | 24    | 10    | 2       |

[演習 3.3] 5 角形 12 個の頂点は 60、6 角形 20 個の頂点は 120 で、合計 180 になります。しかし、多面体としての頂点数は、1 つの頂点が 3 個の 5 角形または 6 角形で共有されていることから、180 の 1/3 の 60 になります。5 角形 12 個と 6 角形 20 個の辺を合計すると 180 になります。しかし、多面体としての辺の数は、1 つの辺が 2 つの多角形で共有されていることから、その 1/2 の 90 になります。面

の数は5角形と6角形の個数を合わせたもので、32です。したがって、オイラー数は、

$$頂点の数 - 辺の数 + 面の数 = 60 - 90 + 32 = 2$$

です。

[演習3.4] 後半の課題にたいする解答の一例を図15に示します。これは前半の課題の解答例にもなっています。

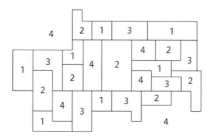

図15 演習3.4の解答例

# 第4講　最短経路、最長経路を求めよう

**重み付きグラフ**

　グラフの辺に何らかの数値が添えられたグラフを**重み付きグラフ**（weighted graph）と呼びます。図2は頂点のあいだに複数の辺があるので、グラフではなく多重グラフだと言いましたが、辺の本数を重みとする重み付きグラフで表すことができます。

**最短経路問題**

　いくつかの都市を頂点で、そのあいだの道路を辺で表します。辺に重みとして都市間の距離（かかる時間でもよい）を与えます。図16に一例を示します。

　問題は、ある都市から出発して別のある都市に行く最短経路を求めることです。出発点は1つに固定します。頂点1から出発するとしましょう。頂点1からどの頂点に行く最短経路を考えてもいいのですが、実はどれか1つの頂点へ行く最短経路を求めるのも、1以外の頂点に行く最短経路をすべて求めるのも、ほとんど同じ手数でできます。そこで、1を出発点として他の頂点に至る最短経路をすべて求める問題を考えましょう。

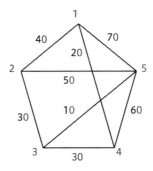

図16　最短経路問題

## ダイクストラのアルゴリズム

この問題を解く有名なアルゴリズムがあります。オランダ人のダイクストラ（E. W. Dijkstra）が考えたアルゴリズムです。

［注意］この先の説明は少しわかりにくいので、難しいと思う人は表 3 の後まで読み飛ばしてもかまいません。

まず、図 16 の 5 つの都市を 2 つのグループに分けます。最初は 1 だけを第 1 グループに入れ、他の 2, 3 ,4, 5 を第 2 グループに入れます。第 1 グループは 1 からの最短経路が確定した都市、第 2 グループはまだ確定していない都市です。アルゴリズムの方針は、第 1 グループ、つまり 1 からの最短経路が確定した都市を 1 つずつ増やしていくことです。

2 つの配列を用意します。配列 d には、1 から各都市へのこれまで求まっている暫定的な最短距離を入れます。配列 f には、その最短距離が直前のどの都市から来たものかを記憶します。d は distance から、f は from から取りました。

アルゴリズムを開始しましょう。最初は、各都市にたいして都市 1 からの距離を配列 d に入れます。$d(1) = 0$、$d(2) = 40$、$d(3) = \infty$、$d(4) = 20$、$d(5) = 70$ となります。$\infty$ は無限大を表します。1 から 3 への道はないからです。どの都市の d にも 1 から来る距離を入れましたから、$f(1) = f(2) = f(4) = f(5) = 1$ です。$f(3)$ の値は決まりません。

第 2 グループのなかで d の値が最小の都市が、1 からの最短経路が確定します。$d(2) \sim d(5)$ のなかの最小値は $d(4) = 20$ ですから、4 へは 1 から直接行くのが最短経路だということが確定しました。

そこで、最短経路が確定した 4 を第 1 グループに移します。第 1 グループは 1, 4、第 2 グループは 2, 3, 5 となります。2, 3, 5 にたいして、1 から直接行く道と、4 を経由していく道とどちらが短いかを考えます。

2 については、4 から行く道はありませんから、1 からの最短距離は $d(2) = 40$ のまま、f も $f(2) = 1$ のままです。

3 については、1 から直接行く道はありませんでしたが、4 を経由すれば $d(4) + 30 = 20 + 30 = 50$ で行くことができます。そこで、$d(3) = 50$、$f(3) = 4$ に書き換えます。

5 については、1 から直接行く距離は d(5) = 70 でした。4 を経由して行く距離は d(4) + 60 = 20 + 60 = 80 ですから、1 から直接行くほうが短いです。したがって、d(5) = 70、f(5) = 1 は変わりません。

d(2) = 40, d(3) = 50, d(5) = 70 のうち最小は d(2) ですから、2 にたいする最短経路が確定しました。そこで、2 をグループ 1 に移して次のステップに入ります。残る 3, 5 にたいして、今ある d の値と、d(2) + 〈2 から直接行く距離〉を比較します。

3 については、d(3) = 50 で、2 から行くとしたら d(2) + 30 = 40 + 30 = 70 になりますから、d(3) と f(3) は変更しません。

5 についても、2 から 5 への距離は 50 ですから、d(2) + 50 = 40 + 50 = 90 は現在の d(5) = 70 より大きいので、d(5) = 70、f(5) = 1 は変わりません。

いよいよ最後のステップです。d(3) = 50、d(5) = 70 ですから、小さいほうの 3 を第 1 グループに移します。残った 5 にたいして、現在の d(5) = 70 と、d(3) と 3 から 5 へ行く距離の和 d(3) + 10 = 50 + 10 = 60 を比較します。後者のほうが小さいので、d(5) = 60、f(5) = 3 と書き換えます。

これで、1 から 2, 3 ,4, 5 へ行く最短距離は、d(2) = 40、d(3) = 50、d(4) = 20、d(5) = 60 と求まりました。最短経路は、配列 f の値を後ろから順にたどっていくことで求まります。たとえば、5 への最短経路は、f(5) = 3 ですから、3 から来ることがわかります。f(3) = 4、f(4) = 1 ですから、3 へは 4 から、4 へは 1 から来ることになります。つまり、5 への最短距離 60 をもたらす経路は 1 → 4 → 3 → 5 です。

以上の経過をまとめたのが表 3 です。

表 3　ダイクストラのアルゴリズムの例：まとめ

| ステップ | 第 1 グループ | d(2), f(2) | d(3),f(3) | d(4),f(4) | d(5),f(5) |
|---|---|---|---|---|---|
| 1 | 1 | 40,1 | ∞ | 20,1（確定） | 70,1 |
| 2 | 1,4 | 40,1（確定） | 50,4 | 20,1 | 70,1 |
| 3 | 1,4,2 | 40,1 | 50,4（確定） | 20,1 | 70,1 |
| 4 | 1,4,2,3 | 40,1 | 50,4 | 20,1 | 60,3（確定） |

（ダイクストラのアルゴリズムの説明終わり）

この最短距離と最短経路は、次のような実験をすると、直感的に理解できます。各頂点（都市）を5円玉で表します。頂点間の距離に比例した長さの糸で5円玉を結びます。頂点1を持って下げると、図17のようになるはずです。重力によってまっすぐ下へ伸びている糸のつながりが最短経路です。最短経路以外の道はたるんでいて、大回りであることを示しています。

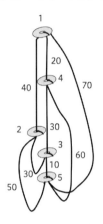

図17　図16の問題の解の解釈

[演習4.1] 図18のグラフにたいして、頂点1から他の頂点への最短距離と経路を求めてください。（上のダイクストラのアルゴリズムの説明を飛ばした人や、わからなかった人は、この演習をスキップしてください。）

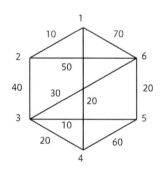

図18　演習4.1

## 最短経路問題の応用

### (1) 連絡網

　頂点 1 に居る人から他の頂点に居る人すべてに至急連絡をしたいとします。本社から海外のあちこちに居る駐在員への連絡を想定するといいかもしれません。ある人とある人のあいだで直接連絡が可能であれば、辺で結びます。辺には重みとして、その連絡にかかる時間あるいはコストを付けます。中継に要する時間は無視できるものとします。できるだけ短い時間あるいは小さいコストで全員に連絡する問題は、最短経路問題になります。

　連絡可能性や時間（コスト）が方向によって異なるときは、次に述べる有向グラフで表します。ダイクストラのアルゴリズムは有向グラフにも適用できます。辺の向きを考慮に入れるだけで済みます。

### (2) 国境通過問題

　ヨーロッパのように多くの国が複雑に入り組んでいるところでは、次のような問題が生じたかもしれません。ある国から別の国へ陸路で物資を運ぼうとしています。EC（ヨーロッパ共同体）以前には、国境を越えるたびに関税がかかります。取られる関税の総額を最小にするには、どの国を通過していったら良いでしょうか？　四色問題のグラフ化のように、国を頂点で、隣接している国の間を辺で結び、距離の代わりに関税率を重みとしたグラフを作ります。そうすると、上のダイクストラのアルゴリズムで解が求まります。


## 有向グラフ

　上の図 16 では、各都市間をどちらの方向にも行けると仮定していました。このようなグラフを**無向グラフ**（undirected graph)）と言います。単にグラフと言えば、無向グラフを指す場合もあります。それにたいして、**有向グラフ**（directed graph）と言って、辺に向きがついているグラフがあります。有向グラフの辺を**有向辺**（directed edge）と呼びます。辺の向きは矢印で表します。重み付きの有向グラフの一例を図 19 に示します。


## プロジェクトの実行に何日かかるか

　図 19 は、あるプロジェクトのスケジュールを、プロジェクトを構成する細か

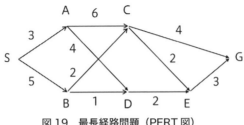
図19 最長経路問題（PERT 図）

い仕事に分けて表示したものです。Sがプロジェクトの開始（スタート）、Gが完了（ゴール）です。それぞれの有向辺つまり矢印は仕事を表し、重みとして付けられている数字はその仕事に必要な日数を表します。頂点は、ある仕事（複数のこともある）が終わり、次の仕事（複数のこともある）が始められるタイミングを表します。重みの日数と区別するために、頂点にはアルファベットを付けました。

　各頂点では、そこへ入る矢印の仕事がすべて終わっていないと、そこから出て行く矢印の仕事が始められません。たとえば、頂点Cでは、Aから来る日数6の仕事とBから来る日数2の仕事の両方が終わらないと、Gへ行く日数4の仕事もEへ行く日数2の仕事も始められません。このような制約は実際のプロジェクトでもよくあることです。たとえば、家を建てる場合、図面はもう完成しているとすると、敷地の整備が済まないと家の基礎が作れません。基礎ができていて、かつ桁や柱や梁が寸法通り用意できていないと、桁・柱・梁による骨組みが作れません。

　上に述べた制約に従うかぎり、いくつの仕事を同時に行ってもよいと仮定します。作業者の人数による制約は考えません。

　図19のプロジェクトは、始めてから最短何日で完了するでしょうか？　それを求めるには、次のようにします。

　頂点Sからの2つの仕事を同時に始めるときを日数の起点0とすると、頂点Aからの2つの仕事の開始は3日後になります。頂点Bからの2つの仕事は5日後になります。

　以下の規則で、仕事を始められる日が決められる頂点について、順に開始

可能日を決めていきます。ある頂点からの仕事の開始可能日は、そこへ入るすべての矢印について、〈矢印の根もとの頂点の開始可能日〉＋〈矢印の仕事にかかる日数〉を求め、その最大値（つまり最も遅い日）として決まります。

　そこで次は、頂点Cからの仕事の開始可能日を考えます。そのためには、S→A→Cと進む2つの仕事と、S→B→Cと進む2つの仕事の両方が終わらなければなりません。前者は3＋6＝9日かかり、後者は5＋2＝7日かかります。したがって、Cからの2つの仕事を始められるのは、プロジェクト開始から9日後ということになります。

　頂点Dからの仕事の開始可能日は、S→A→Dと進み3＋4＝7日かかる2つの仕事と、S→B→Dと進み5＋1＝6日かかる2つの仕事の遅いほうで決まりますから、7日後になります。

　頂点Eからの仕事の開始可能日は、C（9日後）から2日後とD（7日後）から2日後の遅いほうですから、11日後となります。最後に、頂点Gに到達してプロジェクトが完了するのは、C（9日後）から4日後とE（11日後）から3日後の遅いほうですから、14日後と決定できます。つまり、このプロジェクトは最短でも14日かかることがわかりました。各頂点からの仕事の開始可能日を、図20に括弧つきの数字で示しました。

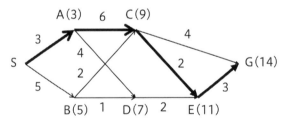

図20　各頂点までにかかる日数（かっこ内）とクリティカル・パス（太線）

　プロジェクトが14日かかるという経路をたどってみましょう。Gから前へ逆にたどります。Gが14日後と決定したのは、Eが11日後であったからでした。Eが11日後であったのは、Cが9日後であったからでした。Cが9日後であったのは、Aが3日後であったからでした。つまり、14日という日数は、S→A→C→E→Gという経路によって決まったわけです。これを**クリティカ**

ル・パス（critical path、決定的な経路という意味）と呼びます。図 20 では
クリティカル・パスを太線で示してあります。

　クリティカル・パスの上にある仕事が予定より長引くと、プロジェクト全体の
完了が後へ延びます。クリティカル・パスの上にない仕事は、多少の余裕があ
ります。たとえば、D から E へ行く 2 日の仕事は、4 日に延びても全体の完了
日は変わりません。
　逆に、プロジェクト完了までの日数を縮めようと思ったら、クリティカル・パ
スの上にある仕事の日数を縮める必要があります。
　プロジェクトの工程をこのように分析する手法は、PERT（Program
Evaluation and Review Technique あるいは Project Evaluation and
Review Technique の略、パートと読みます）と呼ばれます。大きなプロジェ
クトの計画・実行ではよく使われます。また、プロジェクトを構成する仕事の前
後関係を表した図 19 のような図を、PERT 図と呼びます。

**[演習 4.2]** 図 21 の PERT 図にたいして、プロジェクト完了に要する日数とク
リティカル・パスを求めてください。

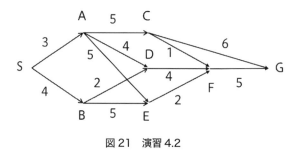

図 21　演習 4.2

[ヒント] 最大値を求めるときに、同じ最大の値が 2 つある頂点が存在します。こうい
うときはどう考えればいいでしょうか？

## 第4講のまとめ

- 辺に数値が添えられたグラフを重み付きグラフと言う。
- 辺に向きがついているグラフを有向グラフと言う。有効グラフの辺は有向辺と呼ばれる。辺に向きがないグラフは無向グラフである。
- 最短経路問題は、ダイクストラのアルゴリズムによって解くことができる。
- プロジェクトを構成する各仕事の順序とかかる日数を示した有向グラフを、PERT図と言う。PERT図の最長経路を求めることによって、プロジェクト完了までの日数がわかる。

**演習の解答**

[演習 4.1] 次のとおり。

| 頂点 | 1 からの最短距離 | 1 からの最短経路 |
|------|------------------|------------------|
| 2 | 10 | 1→2 |
| 3 | 40 | 1→4→3 |
| 4 | 20 | 1→4 |
| 5 | 50 | 1→4→3→5 |
| 6 | 60 | 1→2→6 |

[演習 4.2] 次の 2 つがクリティカル・パス（最長経路）になります。

$$S \to A \to D \to F \to G、S \to B \to E \to F \to G$$

どちらも 16 日かかります。

第5講　グラフで表してみよう

## グラフで表現できるさまざまな情報

いろいろな情報をグラフで表すと理解しやすくなることがあります。実社会での応用では、グラフはしばしば**ネットワーク**（network）と呼ばれます。それは、第3講の初めに断ったように、グラフと言うと、円グラフ・棒グラフなどのグラフや、$x^2 - 1$のグラフなどを思い浮かべるのが普通だからでしょう。

鉄道の路線図は良い例です。駅を頂点、駅と駅との隣接関係を辺と考えれば、グラフになっています。上り下りの両方に列車が走っていますから、無向グラフで表します。1本しか辺がない頂点は終着駅、3本以上の辺が出ている頂点は乗換駅ですね。東京の山手線や大阪環状線を円で表したり、実際には曲がっている路線を直線で表したりするのは、駅と駅との接続関係だけを示せばよいからです。空港を頂点、航空路線を辺とする空路ネットワークもグラフです。

もう一つの例は、友人・知人関係です。図22 (a) は友人関係を表すグラフです。頂点は人、そのあいだに辺があれば友人関係であることを表します。友人かどうかは双方向だと考えられますから、これも無向グラフです。しかし、友人関係でなく、「愛している」という関係を辺で表したら、どうなるでしょう。片想いということもありますから、これは有向グラフで表現することになります。図 (b) は、典型的な三角関係を表すグラフです。

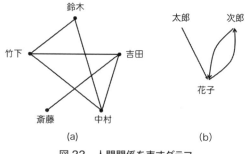

図22　人間関係を表すグラフ

[演習 5.1] あなたが最も親しい友人・知人を 5 〜 10 人選んでください。それらの人々の友人・知人関係を、あなたを含めてグラフに表してください。2 人が知り合いかどうかわからないときは、適当にどちらかに決めてください。

[演習 5.2] 6 人の人が居ると、互いに知人である 3 人のグループか、互いに知人でない 3 人のグループかのどちらかがあることを、グラフを使って証明してください。総当たりではなく、効率的な証明を考えてください。（できない人は、講末の解答欄にある［ヒント］を読んでから、戻って考えてみてください。）

## コラム 5.1　　スモールワールド・ネットワーク

　　インターネットを使って 2002 年につぎのような大規模な実験が行われました。発信者からある目標人物に、メールをリレー式に転送して送りたいとします。目標人物は、いろいろな国からいろいろな人が選ばれています。チェイン・メールになるのを避けるために、最初の発信者も中継する人も、目標人物に早くつながりそうなただ 1 人の知人だけにメールを送ります。

　　結果は、平均して 6 メールで目標人物に届いたそうです。これを「6 次のつながり」と言います。インターネットの世界は意外に狭いのです。ですから、「スモールワールド・ネットワーク」という言葉が生まれました。

　　人間関係のネットワークを分析すると、しばしば次のような人や集団が見つかります。

・ハブ[1]：非常に多くの知人を持っている人
・クラスター：互いに知人である人の割合が高い集団

　　これらについて詳しく知りたい人は、「付録 さらに勉強したいときは」に挙げた (6) を読んでください。

　　最短経路問題の連絡網への応用を第 4 講で述べました。情報の伝達経路は有向グラフで表すことができます。たとえば、ある情報が SNS でどのように流れて広まったかを図示できます。しりとりも、有向グラフになりますね。一般の通信網や電力網、高速道路網もグラフです。これらのグラフでは、頂点間がつながっているかという連結性や、何か所かが故障・不通になってもつながっているかという多重連結性の概念が重要です。

---

1　「ハブ空港」と同じ意味の「ハブ」です。

ウェブページのリンク関係も、有向グラフで表せます。各ページを頂点として、リンク元のページからリンク先のページへ有向辺を作るのです。これを世界中のウェブページについて行うと、巨大な有向グラフができあがります。多くのページからリンク（参照）されているページは重要であると考えます。さらに、この重要度をリンク元の重みとして、重要なページからリンクされているページはより重要度が上がるようにします。

　Google 検索でウェブページが表示される順番（ページ・ランキング）は、最初はこの考え方が基本でした。現在はずっと多くの要素を取り入れた複雑なアルゴリズムになっています。

　食物連鎖をご存知ですか？　生物のあいだの食べる・食べられるの関係です。植物は光合成によって炭水化物を作ります。それを草食性昆虫が食べます。草食性昆虫を肉食性昆虫が食べます。肉食性昆虫をカエルや小鳥が食べます。カエルをヘビが食べます。ヘビや小鳥をワシやタカが食べます。すべての動物の糞や死骸はカビや菌、バクテリアなどの微生物によって分解され、植物の栄養源になります。食べられる生物からそれを食べる生物に有向辺を描くと、有向グラフで表せます。

[演習 5.3] 複雑な交差点があります。時計回りに A、B、C、D の 4 方向から出入りできる変形 4 差路です。ただし、A は交差点に入る一方通行、D は交差点から出る一方通行です。A から来て B へ行きたい車を頂点 A → B で、A から C への車を頂点 A → C で表すという具合に、7 通りの頂点を持つグラフを考えます。同時に進行を許すとぶつかるおそれがある頂点のあいだを辺で結びます。たとえば、A → C と B → D は進路が交差するので、同時に青にできません。このような頂点を辺で結びます。左側通行であることも考慮してください。同じ道路に進む車は譲り合うものとします。このグラフを描いてください。信号は、最低何通りに切り替える必要があるでしょうか？

　ここから 3 つの問題を考えます。

## 最大フロー問題

　図23(a)にまた別の重み付き有向グラフを示します。ここでも、頂点Sはスタートを、頂点Gはゴールを表します。各辺（矢印）は、道路とか、水や石油などの液体が流れる管路、頂点はそれらが結合したり枝分かれしたりする所だと考えてください。矢印に付けられた重みは、その道路あるいは管路で単位時間に流せる最大の物量を表します。それを**容量**（capacity）と呼びます。道路だったら、1時間に最も多く通過できる車の台数になりますね。

　問題は、頂点Sから頂点Gへ最大どれだけの物量を流すことができるかという問いです。ただし、「ある頂点に入ってくる物量は、そこから出ていく物量に等しい」という当たり前の制約があります。したがって、ある頂点まで多くの物量を流せても、その先の矢印の容量の和がそれより小さければ、それだけの物量を流すことはできません。結合している頂点で溢れてしまいます。

　この問題の解法はやや面倒くさいので、解答だけを示します。解答には自由度がありますので、一例です。図(b)の各辺に記してある○／○という形の数字の左側が流す物量、右側が(a)で与えられた容量です。SからGへ合計12の物量を流すことができます。これが**最大フロー**（maximum flow）です。

　ところで、図(a)の有向グラフをどこかで上下に辺をいくつか切って、Sを含む部分とGを含む部分の2つに分けます。これを**カット**（cut）と呼びます。図の左から2番目あたりの4, 4, 2, 5という容量をもつ辺を切るのは1つのカットです。右端の2, 7, 4という辺を切るのもカットです。たくさんあるカットのうち、切った辺の容量の和が最小になるカットを探します。それは、中頃にある4, 3, 5という容量をもつ辺のカットです。これを**最小カット**（minimum cut）と言います。4+3+5 = 12 が最小カットの値です。

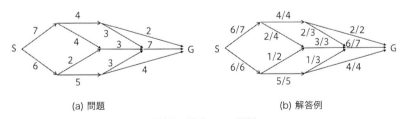

(a) 問題　　　　　　　　　　(b) 解答例

図23　最大フロー問題

## 最大フロー ＝ 最小カット 定理

　最大フローは最小カットに等しいという性質があります。図 23 ではどちらも 12 で、等しいですね。したがって、最大フローを増すためには、最小カットに属するどれかの辺の容量を大きくする必要があります。

**[演習 5.4]** 図 23(a) を用いて、「最大フローは最小カットに等しい」ことが自然に納得されることを説明してください。厳密な証明である必要はありません。

　最大フロー問題は、災害時に被災地へできるだけ多くの物資を送るにはどうしたらよいか、という問題に応用できそうですね。

## 2 部グラフと結婚問題

　次のような無向グラフを **2 部グラフ**（bipartite graph）と言います。図 24 に一例を示します。頂点が 2 つのグループに分かれ、同じグループの頂点のあいだには辺がありません。異なるグループの頂点のあいだには辺があったりなかったりします。2 つのグループの頂点数は同じでなくてもかまいません。

　図 24 の上のグループの頂点は男で、下のグループの頂点は女だとします。辺で結ばれている男女は、お互いに結婚してもよいと思っているペアです。問題は、結婚してもよいと思っているできるだけ多くのペアを見つけることです。もちろん重婚はいけません。これは **結婚問題**（marriage problem）と呼ばれています。某国の新興宗教の集団結婚式みたいで、私は嫌なのですが。

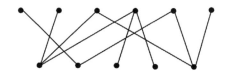

図 24　2 部グラフの結婚問題

**[演習 5.5]** 図 24 の結婚問題の解答を見つけてください。試行錯誤でかまいません。

結婚問題を解く方法の一つは、スタートSとゴールGの2頂点を追加して、すべての男の頂点にSからの辺を、すべての女の頂点からGへの辺を作ります。すべての辺の重み(容量)は1とします。これを最大フロー問題として解くのです。最大フローが結婚問題の解答になります。

　結婚問題は、次のようなときに応用できます。一つのグループの頂点は、人事異動を希望している社員だとします。もう一つのグループの頂点は、人を増やしたい担当業務です。各社員から、希望する担当業務すべてに辺を引きます。できるだけ多くの社員を希望する担当業務に異動させるには、結婚問題と同じ解法が利用できます。


## 巡回セールスマン問題

　第4講の最短経路問題の図16（p.25）のように、頂点としていくつかの都市と、辺の重みとして都市間の距離（または所要時間）が与えられた無向グラフがあるとします。

　巡回セールスマン問題（traveling salesman problem）は、どの都市から出発してもよいから、すべての都市を回って出発点に戻る最短経路を求める、という問題です。第1講のケーニヒスベルクの橋渡りでは、すべての辺をたどるという条件でしたが、巡回セールスマン問題では、すべての頂点を訪れることが求められます。

　巡回セールスマン問題は、たちの悪い問題として知られています。都市（頂点）の数が少ないうちは簡単なのですが、少し都市の数が増えると、解くのに急激に時間がかかるようになります。スーパーコンピューターの性能評価には適しているでしょう。

　最短経路ではなく、準最短の経路を求める方法の研究もされています。最短でなくても、それと比べてやや長い程度の経路が求まればよい、という実際的な考え方です。このような準最短経路法は、郵便や宅配の配送順路や、コンビニ・チェーンへの商品の配送順序の決定に使われています。

## コラム 5.2　状態遷移図

　有向グラフの一種に、**状態遷移図**（state transition diagram）と呼ばれる図があります。思考の整理のしかたの一つの道具になりますので、学んでおきましょう。

　状態遷移図は、自動販売機の例を用いて説明するのが定番です。単純化するために、60 円の切符 1 種類だけを売る自動販売機を考えてみましょう。硬貨は 50 円と 10 円だけしか使えないものとします。

　図 25 にこの自動販売機の状態遷移図を示します。頂点にあたるものを円で表して、**状態**（state）と呼びます。「スタート」と書かれた状態から出発します。辺の脇に書かれているのは人の動作です。10 円と書いてあるのは 10 円を入れること、50 円と書いてあるのは 50 円を入れることの略です。各状態がどのような「状態」を表しているのか、名前を付けます。たとえば「20円」という状態は、自動販売機に 20 円分入れられたという状態を表示したものです。

　スタートから、10 円を次々に入れていくと、10 円、20 円、30 円、40 円、50 円と進み、もう 1 枚 10 円を入れると、切符を出してスタート状態に戻ります。辺の脇に「10 円／切符を出す」と書いてあるのは、10 円を入れる（入力）と、自動販売機が切符を出す（出力）という働きを表しています。50 円を入れた場合の動きはわかりますか？

　この状態遷移図では、まだ省略してある動作があります。「取消」ボタンは考えていませんし、20 円入れたところで「あ、50 円玉を持っていた」と気づいて 50 円を入れる人にも対応していません。

　「付録 さらに勉強したいときは」に挙げた (7) の「第 3 章　自動販売機はコンピュータ理解の始まり〜あるいは、自動販売機と人生ゲームのステキな関係〜」は、状態遷移図からコンピューターの理解への面白い橋渡しです。

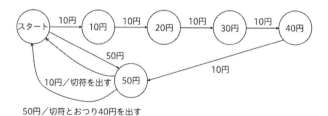

**図 25　自動販売機の状態遷移図**

**状態とは**

　状態というのは、過去の履歴のなかで、今後の行動に影響を及ぼす情報だけを圧縮して表現したものです。自動販売機の例では、今までに何円入れたかだけを状態として表しています。50 円という状態は、50 円玉を入れても、10円を 5 枚入れても同じ状態に到達し、1 つの状態で表します。

　第 4 講で採り上げた最短経路問題を解くダイクストラのアルゴリズムでは、出発点からの最短経路が求まった都市について、最短距離と直前の都市とを組にして状態としています。もし、各辺に距離だけでなく、費用（運賃）も重みとして与えられていて、「3,000 円以内で行ける最短経路を求めなさい」という問題だったら、それまでに使った費用も状態に含める必要があります。

　状態という概念と、行為や行動によって状態を移るという状態遷移図は、世の中のさまざまな現象や手順を理解するのに有用です。

[演習 5.6] ATM でお金を引き出すときの流れを状態遷移図に描いてください。自動販売機の例とは違って、多少いい加減でも結構です。次の条件で描いてください。
・通帳も挿入するか、カードの挿入だけにするか選択できる。
・暗証番号は正しく入力する場合だけを考える。
・指定した金額が口座にない場合、および、設定してある上限を超える場合は考えない。

---

### 第 5 講のまとめ
・グラフで表現すると理解しやすくなるさまざまな情報がある。
・3 つの問題を考えた。最大フロー問題、2 部グラフの結婚問題、巡回セールスマン問題。
・状態遷移図に表すと理解しやすくなる場合がある。

---

演習の解答

[演習 5.2] ヒントだけを示しますので、自分の力で考えてください。

[ヒント] A さんが他の 5 人と知人かどうかを考えます。知人である人が 3 人以上居るか、知人でない人が 3 人以上居るか、のどちらかです。知人が 3 人以上居る場合を考えてみます。知人のうち 3 人が B、C、D さんであるとしても一般性を失いません。そうすると……。後はあなたの出番です。

[演習 5.3] 図 26 に示します。A → C、B → D、C → B は互いにぶつかる可能性があります。したがって、これら 3 つの進行は別々に青にする必要があります。A → D と C → B もぶつかる可能性がありますが、それは A → C と A → D を同時に青にすれば OK です。それ以外の 3 つの進行には制約がありませんから、この 3 種の信号表示のどれかに適宜割り当てることができます。したがって、信号表示は最低 3 種類必要です。

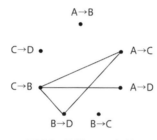

図 26　演習 5.3 の解答

[演習 5.4] 図 23（a）では、最小カット 4+3+5 = 12 で、それより左の S を含む部分と、右の G を含む部分に分けられます。ですから、このカットでは 3 つの辺を合わせて 12 までしか物量を流せないわけです。この最小カット以外のカットは、12 より余裕があります。したがって、最大フローは 12 になるというわけです。

[演習 5.5] 図 27 の太線で解答の一例を示します。最大のペアは 4 組で、ペアの作りかたは何通りもあります。考えてみますか？

図 27　図 24 の結婚問題の解答例

[演習 5.6] 解答の一例を図 28 に示します。ATM によって多少違うかもしれません。いろいろな手順について、状態遷移図を描いて自分がいまどの状態にいるかを意識することは、時には役立ちます。

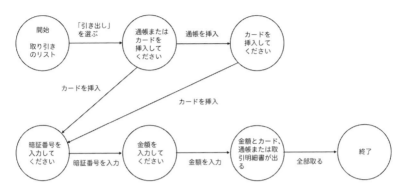

図 28　ATM からの引き出しの状態遷移図

## 木とは何か

　グラフのなかで、ループを持たない、つまり枝分かれだけのグラフを**木**（tree）と呼びます。木の1つの頂点を一番上に書き、そこから下へ順に枝分かれしていくように表した木を**根つき木**（rooted tree）と呼びます。図29に例を示します。この本では、根つき木だけを考え、それを単に**木**と呼びます。木という用語は一音節のため、話すときには聞きとりにくいので、**トリー**と呼ぶこともあります。デジタル数学ではツリーでなく、トリーと言います。

　デジタル数学で扱う木は、実世界にある木とは上下逆さまで、一番上に**根**（root）が来ます。図29では、○○大学と書いてある節が根です。グラフで頂点と呼んでいたものを、木では**節**（せつ、node）と呼びます。辺と呼んでいたものを**枝**（branch）と呼びます。枝分かれの一番先の節、すなわち、もうそこからは枝が出ていない節を**葉**（leaf）と呼びます。みな木の部分から取った用語ですね。

　ある節から見て、その上の節を**親**（parent）と呼び、下の節を**子**（child）と呼びます。根以外のどの節も、親は1つに限られます。子は複数あってもかまいませんし、なくてもかまいません。図29で、b学科の親はA学部で、子はjコースとkコースです。jコースの子はありません。つまり、jコースは葉です。

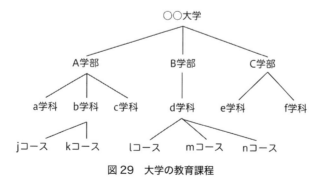

**図29　大学の教育課程**

**階層構造と木**

　世の中には、さまざまな**階層構造**（hierarchical structure）と呼ばれるものがあります。その多くは、階層（レベル）を下るごとに複数の要素に分かれていく形をとっています。一つの例は、大学の教育課程です。ふつう、学部に分かれていて、各学部はいくつかの学科からなり、学科によってはコースに分かれているかもしれません。今では学科にまたがるコースもあるかもしれませんが、それはないと仮定します。そうすると、1つの大学の教育課程は図29のような木で表されます。

　企業や官庁の伝統的な組織も階層構造をとっていました。大きな企業では、いくつかの事業部に分かれ、各事業部はいくつかの部から、部はいくつかの課から、課はいくつかの係からなっていました。今では、これ以外に横断的な体制やタスクフォース的な体制も多いでしょうけれども。

　パソコンの中のフォルダーは階層構造になっています。学術用語としては**ディレクトリ**（directory）と言うのですが、**フォルダー**（folder）のほうが馴染みのよい人が多いと思いますので、そちらを使います。階層中のどのフォルダーにも、0個以上の下位のフォルダーと0個以上のファイルを置くことができます。根は、ディレクトリという言葉を使う場合には**ルート・ディレクトリ**（root directory）と呼ばれます。Windowsでは「PC」が根になっています。Windowsを使っている人は、PCの下にどんなフォルダーがあるか見てごらんなさい。

　考えたり、それを文章に書いたりするときに、階層的に分割して考えて書くことは一つのやり方です。よく知られた方法として、たとえば

　　　バーバラ・ミント：『新版 考える技術・書く技術』、ダイヤモンド社、1999があります。

[演習 6.1] 階層構造の他の例を挙げてください。

**木でないもの**

　木は根から下へ枝分かれしていくだけで、いったん分かれた先で合流することはありません。図29の大学の教育課程で、b学科とc学科のどちらからも

進むことができる p コースが新設されたら、木ではなくなります。

## いろいろな木の例

　図 30 は、源頼朝を中心とした源氏の系図です。この時代の武士の家の系図では、男子しか書かれません。ですから、木の形をしています。婚姻関係や母子関係も書いたら、木では表せません。

　あなたを根として、父母、父方と母方の祖父母、それぞれの祖父母の父と母（曽祖父母）、と書いていくと、上下ひっくり返した木が書けます。

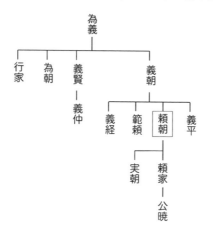

図 30　源氏の系図

　図 31(a) は**構文解析木**（syntactic analysis tree）と呼ばれる木で、翻訳や言語理解などの言語処理には必須の道具です。意味は説明しなくてもわかりますね。(b) も構文解析木で、数式の処理に使います。A+B*C/(D-E)-F という式を解析した結果です。木の下のほう(葉)から順に演算を行って、中間結果・最終結果を求めていく過程が、次の 2 つの規則にしたがって正しく表現されています。

・掛け算 * と割り算 / は、足し算や引き算よりも先に行う。
・括弧の中は先に計算する。

プログラムをコンピューターにわかる言葉（機械語）に翻訳する過程では、このような処理も行われているのです。

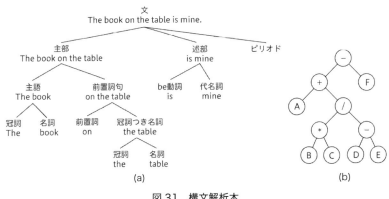

(a)                                    (b)

図31　構文解析木

## 二分木と多分木

　これまで見てきた図29、30、31(a) の木では、各節の子の数が特に制限されていませんでした。これにたいして、図31(b) のように、どの節の子も2個以下という制限をつけた木を**二分木**（binary tree）と言います。どれか1つでも3個以上の子をもつ節があれば、二分木と区別する意味で多分木と言います。これからしばらくは二分木を対象に考えていきましょう。

## [演習 6.2] 数当てゲーム

　2人のあいだで数当てゲームを行います。あなたの相手が1から15までのあいだの整数を1つ選んで記憶します。あなたは「それは○ですか、それより小さいですか、大きいですか？」という質問を何回かすることしかできません。○は毎回あなたが適当な整数を選べます。あなたは、1回目、2回目、……と、どのように質問していきますか？　4回以下の質問で必ず当てることはできるでしょうか？

[注意] ここから先は、上の演習6.2を考え、講末の解答も参照したうえで読み進めてください。

## 二分探索木

　演習6.2では、探す対象となるデータが1から15までの整数と、固定したものでした。頻繁に新しいデータが追加されたり、これまであったデータが削

除されたりする場合にはどうしたらよいでしょうか？　たとえば、会社のある課に所属する社員についてのデータがあるとします。この課では、しょっちゅう新しい人が入ってきたり、今までいた人が他の部署へ異動したりするケースを考えましょう。説明を簡単にするために、同姓の課員は居ないと仮定して、データは社員の姓で検索するものとします。同姓もある場合には、姓名で検索するようにすればよいだけの話ですから。

　たとえば、いま課には、あいうえお順で次の課員がいるものとしましょう。

　　阿部、伊藤、大嶋、木下、小山、佐藤、鈴木、竹内、服部、松永、
　　安原、山口

これを図 32 の二分木で表してあるものとしましょう。木の各節から、その人に関するデータへリンクが張られています。この二分木は次の性質を満たすように作ってあります。

　(1) どの節の姓も、その左の子の姓よりもあいうえお順で後にある。

　(2) どの節の姓も、その右の子の姓よりもあいうえお順で前にある。

図 32 の二分木がこれら 2 つの性質を満たしていることを確かめてください。この 2 つの性質を満たす二分木を**二分探索木**(binary search tree)と言います。

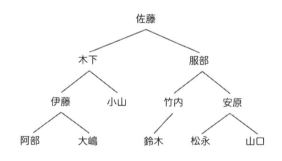

図 32　二分探索木

　この二分探索木から、大嶋さんのデータを検索することを考えてみましょう。木の根から順番に下へ降りていきます。まず探したい姓「大嶋」を木の根の姓「佐藤」と比較します。「大嶋」のほうが「佐藤」よりもあいうえお順で前ですから、性質 (1) によれば、「大嶋」は節「佐藤」の左の子のほうにあるはずです。左の子へ降りると「木下」です。「大嶋」はこれよりもあいうえお順で前で

すから、さらに左の子「伊藤」に降ります。今度は「大嶋」は「伊藤」よりもあいうえお順で後にありますから、性質 (2) によって「大嶋」は「伊藤」の右の子のほうにあるはずです。そこで「伊藤」の右の子に降りると、はい「大嶋」にたどり着きました。これで大嶋さんについてのデータが見られます。

新しい課員をこの二分木に付け加えるにはどうすればよいでしょうか？ たとえば三宅さんが入ってきたとします。上と同じように、あいうえお順の前後によって左の子へ降りるか右の子へ降りるかを選んで木を降りていくと、佐藤→服部→安原→松永とたどります。節「松永」に子はありませんから、「三宅」という姓は登録されていないことがわかります。

そこで、「三宅」という節を節「松永」の子として追加します。性質 (2) によって、節「三宅」は節「松永」の右の子として追加されます。

課員の 1 人が転出したので、節を削除したいときはどのようにすればよいでしょうか？ その節が葉であるとき、つまり子がないときは単純に削除するだけで済みます。問題は、根あるいは途中の節、つまり子が 1 個または 2 個ある節を削除する場合です。この場合は当該の節を単に削除すると、その子が宙に浮いてしまいますから、工夫が必要です。やる気のある方は、どのように対処すればよいか考えてみてください。


しかし、そもそも図 32 のような木をどうやって作ればよいのでしょうか？ それは、根すらない木から出発して、上に述べたやり方で一人ずつ課員の姓を付け加えていけばよいのです。最初に登録された姓が根になり、それ以降は根の左の子、右の子、子の子……などになります。ただし、姓をあいうえお順に登録していってはいけません。そうすると、根から右ばかりに枝分かれした"深い"木になって、検索・追加・削除の手間が大きくなりますから。数当てゲームで行ったように、対象とする区間のなかであいうえお順のほぼ中ごろの姓を追加するのが賢明です。そうすると、図 32 のような左右の深さのバランスがとれた二分探索木が得られます。数当てゲームの 1 から 15 までの数のときのように、明確に真ん中を決めるわけにはいきませんが。


探索（サーチ、search）は、コンピュータで行う仕事のなかで重要な課題

を占めます。たとえば、上の例のようにデータの集まり（データベース）の中から欲しい情報を探したいときとか、検索語句を指定して世界中のウェブから関係するページを見つけるときとか。そのために、巧妙に工夫されたさまざまな探索手法が開発されています。二分探索や二分探索木は、最も単純な手法にすぎません。

## 木の応用

　木で表現するとわかりやすい応用例として、まず故障診断木を紹介し、次に決定木と場合分けに用いられる木を説明しましょう。

## 故障診断木

　あるプリンタのマニュアルの「困ったときは」のところには、プリンタがうまく動かないときの対処法を文章で説明しています。それを木の形で表すと図33になります。

　もっと大きな機械や設備の故障を修理作業者が調べるときは、このような故障診断木、あるいはそれに相当する内容を文章化したマニュアルに沿って行います。

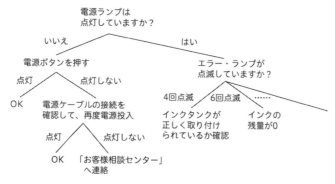

図33　故障診断木

## 決定木

　決定木（decision tree）は、条件にしたがって行動を決めるのに適しています。

　図34の例は、ある人が明日の降水確率や行き先によって傘を持っていくかどうかを決める決定木です。説明はなくてもわかると思います。

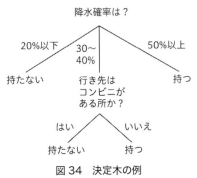

図 34　決定木の例

[演習 6.3] ある人が、社員食堂でふつうは次のようにメニューを選ぶものとします。これを決定木で書いてください。

(1) 急いでいるときは麺類

(2) 軽いものにしたいときも麺類

(3) (1)(2) のどちらでもなく、定食の中に嫌いなものがあるときは、ご飯＋みそ汁
　　＋アラカルト 2 品

(4) (1)(2) のどちらでもなく、定食の中に嫌いなものがないときは、定食

## コラム 6.1　決定表

決定木の代わりに決定表（decision table）を用いることもできます。条件が複雑なときは、そのほうがわかりやすい場合があります。図 34 の決定木を決定表のかたちで書くと、表 4 になります。これも説明は要らないでしょう。

表 4　決定表の例

| | | 規則 | | | |
|---|---|---|---|---|---|
| 条件 | 降水確率は 20% 以下 | ○ | | | |
| | 降水確率は 30～40% | | ○ | ○ | |
| | 降水確率は 50% 以上 | | | | ○ |
| | 行く先はコンビニのある所 | | ○ | | |
| 行動 | 傘を持たない | ○ | ○ | | |
| | 傘を持っていく | | | ○ | ○ |

[演習 6.4] 演習 6.3 を決定表のかたちで書いてください。

**[演習6.5]** 2月が29日ある年をうるう年と呼び、次の規則で決まります。西暦が4で割り切れる年はうるう年です。ただし、4で割り切れても、100で割り切れるが400では割り切れない年は、うるう年ではありません。うるう年になる条件を決定表で表してください。

## 場合分けの木

決定木では条件によって場合分けしましたが、問題を解決するために選択肢によって場合分けしていくときにも、木が役だちます。例として、偽の貨幣を検出する問題を考えましょう。貨幣が4枚あります。このうち3枚は正しい貨幣ですが、1枚は偽物で本物よりも少し軽いことがわかっています。天秤を使って、できるだけ少ない回数でどれが偽物であるかを決めてください。

貨幣に1,2,3,4という番号を付けます。最初に1と2を天秤の左の皿に、3と4を右の皿に乗せて量ります。以下、図35の木のように進めていけば、天秤を2回使うことでどれが偽物か判別できます。

図35　偽貨幣の判別

## [演習6.6] 不良品の貨幣の判定（やや難しい）

今度も、貨幣が4枚あります。このうち3枚は正しい貨幣ですが、1枚は不良品で正しい貨幣とは重さが少し違うことがわかっています。ただし、軽いのか重いのかはわかっていません。天秤を使って、できるだけ少ない回数で、どれが不良品であるか、またそれは正しい貨幣より軽いのか重いのかを決めてください。

もっと大きな問題の解決では、問題をそれより小さい複数の問題に分けて考えていく方法も取られます。たとえば、

渡辺健介：『世界一やさしい問題解決の授業』、ダイヤモンド社、2007

の 1 限目に出てくる「分解の木」がそうです。

## コラム 6.2　　場合分けの木を使って解けるパズル特集

場合分けの木を使えばかならず解けるパズルを 3 題出します。パズル好きな方はお楽しみください。解答は付けません。

### 川渡りパズル 1

百姓が鶏とアヒルを連れ、キャベツを持って川岸に来ました。川にはボートが 1 艘しかありません。ボートに百姓が乗って漕ぐと、ほかには鶏かアヒルかキャベツのどれか 1 つしか乗せられません。鶏とキャベツを残して目を離すと、鶏がキャベツを食べてしまいます。アヒルとキャベツを残してもアヒルがキャベツを食べてしまいます。どのようにしたら、全部の荷物を向こう岸へ渡すことができるでしょうか？

### 川渡りパズル 2

こちらのほうが有名です。

百姓が狐と鶏を連れ、キャベツを持って川岸に来ました。川にはボートが 1 艘しかありません。ボートに百姓が乗って漕ぐと、ほかには狐か鶏かキャベツのどれか 1 つしか乗せられません。狐と鶏を残すと、狐が鶏を食べてしまいます。鶏とキャベツを残すと、鶏がキャベツを食べてしまいます。どのようにしたら、全部の荷物を向こう岸へ渡すことができるでしょうか？

### 水の計りとり

水が 1ℓ（リットル）より多く入っている桶と、7mℓ、3mℓ の 2 つのコップがあります。mℓ（ミリリットル）は 0.1ℓ で、100cc のことです。この 2 つのコップを使って、7mℓ のコップに正確に 5mℓ の水を計りとってください。

## 第 6 講のまとめ

・ループを持たない、枝分かれだけのグラフを木と呼ぶ。一番上に根と呼ばれる節を置き、そこから下へ枝分かれするように描いた木を根つき木と呼ぶ。この講では根つき木だけを扱い、それを単に木と呼んだ。

・グラフの頂点は木では節、辺は枝と呼ぶ。

・さまざまな階層構造は木で表される。

・二分探索や二分探索木は、探索（サーチ）を行う最も簡単な手法である。

・木の応用として、故障診断木、決定木、場合分けの木を学んだ。

**演習の解答**

[演習 6.1] 例を一つ挙げます。専門書は章・節構成で書かれているのが普通です。本によっては、章の上に第 I 部、第 II 部のような部があるかもしれません。1 節の下に 1.1、1.2 などの准節も存在しえます。部・章・節・准節は階層構造をなします。表紙、前付け、後付け、広告のほかに、内容的には目次があるでしょうし、まえがき、あとがき、付録、参考文献、索引もあるかもしれません。目次は、本の内容の階層構造を、字下げなどを使ってテキストで表したものです。これを木で表すことは容易でしょう。この本は章・節構成をとっていないので、平坦な木になります。

　　図書館での本の分類に使われる日本十進分類法

　　地方行政の単位：国 → 都道府県 → 市町村・東京都の区 → 政令指定都市の区

　　生物の分類の体系：界 → 門 → 綱 → 目 → 科 → 属 → 種

を挙げた方もあるでしょう。

[演習 6.2] まず、1 〜 15 の真ん中の 8 を選んで、8 か 8 より小さいか大きいかを尋ねます。8 より小さいと答えたら、1 〜 7 の真ん中の 4 を選んで質問します。8 より大きいと答えたら、9 〜 15 の真ん中の 12 を選んで質問します。このように、つねに残された答のある区間の真ん中の値を選んで質問し、答のある区間を等分して狭めていくのが効率的です。この過程を図 36 の木に示します。図からわかるように、このやり方をすれば、必ず 4 回以下の質問で相手が記憶した数を当てることができます。この方法を**二分探索**（binary search）と言います。

（p.47 へ戻る）

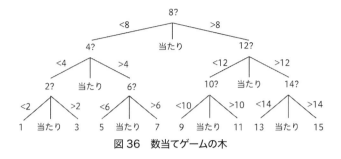

図 36　数当てゲームの木

［演習 6.3］解答例を図 37 に示します。

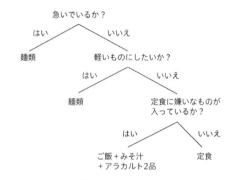

図 37　演習 6.3 の解答

［演習 6.4］

|  |  |  | 規則 |  |  |
|---|---|---|---|---|---|
| 条件 | 急いでいる | ○ |  |  |  |
|  | 軽いものにしたい |  | ○ |  |  |
|  | 定食に嫌いなものが入っている |  |  | ○ |  |
| 行動 | 麺類 | ○ | ○ |  |  |
|  | ご飯＋みそ汁＋アラカルト 2 品 |  |  | ○ |  |
|  | 定食 |  |  |  | ○ |

［演習 6.5］

|  |  | 規則 |  |  |
|---|---|---|---|---|
| 条件 | 西暦が 4 で割り切れる |  | ○ | ○ | ○ |
|  | 西暦が 100 で割り切れる |  |  | ○ | ○ |
|  | 西暦が 400 で割り切れる |  |  |  | ○ |
| 行動 | うるう年 |  | ○ |  | ○ |
|  | うるう年でない | ○ |  | ○ |  |

次の 2 つの事実を利用して決定表を簡単にしています。
・西暦が 100 で割り切れるならば、4 でも割り切れる。
・西暦が 400 で割り切れるならば、100 でも 4 でも割り切れる。
［演習 6.6］解答例を図 38 に示します。3 回でできます。

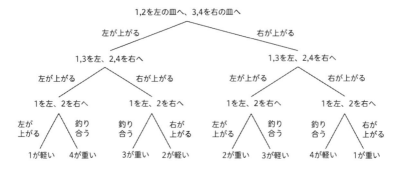

図 38　演習 6.6 の解答例

## 集合とは

　数学では、ものの集まりのことを**集合**（set）と言います。集合は、デジタル数学（離散数学）だけでなく、数学全般で重要な働きをする基礎的な概念です。

　第3講の初めで、グラフの定義を次のように書きました。

　グラフは次のように定義されます。

　・いくつかの点（頂点）の集まりを考える。

　・すべての点と点の対にたいして、線（辺）で結ぶか結ばないかを決める。

数学の言葉で書けば、第1の文は

　・いくつかの頂点の集合を考える。

となります。第2の文からは、辺の集合が定まります。つまり、グラフとは、頂点の集合と頂点間を結ぶ辺の集合で定義されるわけです。

　p.34で示した三角関係を表すグラフ図22(b)を再掲します。このグラフでは、太郎、次郎、花子が頂点の集合です。「愛している」を→という記号で表すと、太郎→花子、次郎→花子、花子→次郎が辺の集合です。

　別の例を考えてみましょう。北海道、本州、四国、九州、沖縄という集まりは集合です。この集合に日本列島という名前を付けましょう。集合の中に入っている「もの」のことを**要素**（element）と言います。北海道、本州、四国、九州、沖縄は、日本列島という集合の5つの要素です。ある集合の要素は、その集合に「**属する**」と言います。たとえば、北海道は集合「日本列島」に属し、

これを

北海道∈日本列島

と書きます。∈は、左側の要素が右側の集合に属することを表し、「属する」と
読みます。

　数学ではものごとを一般的に表したり議論したりするために、よく記号を使い
ます。「記号が出てくると頭が痛くなる」という人もいるかもしれませんが、最
小限にとどめますので我慢してください。集合を議論するときは、要素は $a$ とか
$b$ のように、小文字を使います。集合には $A$ とか $B$ のように大文字を使います。
要素 $a,b,c,d$ からなる集合を $\{a,b,c,d\}$ のように波括弧（中括弧とも呼ぶ）で
囲んで表します。
　ですから、上の日本列島の集合の例では、

日本列島＝{ 北海道 , 本州 , 四国 , 九州 , 沖縄 }

となるわけです。
　2つの集合が、個数も含めて要素がすべて一致しているとき、同じ集合であ
ると見なし、「等しい」と言います。「等しい」ことを＝で表します。数値のとき
と同じです。
　集合の中で要素を並べる順序は、集合として無関係です[1]。並べる順序が違っ
ていても、要素がすべて同じならば同じ集合です。たとえば、上の日本列島とい
う集合は

日本列島＝{ 本州 , 北海道 , 九州 , 四国 , 沖縄 }

＝{ 本州 , 沖縄 , 四国 , 九州 , 北海道 }

などともなります。


【例題 7.1】 サイコロの目の集合を { } 表記で書いてください。


[解答] {1,2,3,4,5,6}
{1,3,5,6,4,2} とか、{6,4,5,3,2,1} とか、要素の順序を並べ替えただけの解答はす
べて正解です。

---

1　2つ以上の要素を , で区切って並べて普通の丸括弧 ( と ) で囲むと、要素に順序があることを示します。{8,5}
　　は 8 と 5 からなる集合ですが、(8,5) は 8 と 5 の順序に意味があり、ベクトル、あるいは平面上の x 座標が 8、
　　y 座標が 5 の点を表します。集合を { と } で囲んで表すのは、「要素の順序には意味がないんだよ」ということ
　　を示しているわけです。

数学で扱う集合は、ある「もの」を持ってきたとき、それがその集合に属するかどうかが明確に決定できる集まりでなければなりません。たとえば、「野菜の集合」は数学の集合としては扱えません。どこまでが野菜か、人によって見かたが違うからです。すいかは野菜でしょうか果物でしょうか？　中国原産やイタリア原産の野菜もどんどん増えています。どこまで入れましょうか？

　ある本屋に並んでいる本のうち、定価（税抜き）1,000 円以内の本の集まりとか、今年出版された本の集まりとかは、数学の集合になります。しかし、「今よく売れている本」の集まりは集合になりません。「今」とはどの期間なのか、「よく売れている」とはどういう意味か、が曖昧だからです。

**[演習 7.1]** 次の集まりは、数学の集合になるでしょうか、ならないでしょうか？

a) このクラスの中で、昨日の数学のテストで 80 点以上を取った生徒の集まり

b) このクラスの中で、数学がよくできる人の集まり

c) この県の、昨年人口が減った市の集まり

d) この県の、10 年後までに人口が 3 万人を切りそうな市の集まり

　このほか、自分で考えて数学の集合になる例と、ならない例を挙げてみてください。

## 有限集合と無限集合

　属する要素の個数が有限である集合を**有限集合**（finite set）、要素数が無限である集合を**無限集合**（infinite set）と言います。今まで例に挙げた集合はすべて有限集合でした。無限集合の例を見てみましょう。

　ものを数えるときに使う数、1,2,3,…を自然数と言います。0 は含めません。自然数はいくらでも大きな数があり得ますから、自然数の集合は無限集合です。以下、自然数の中だけを考えます。奇数 1,3,5,…の集合も無限集合です。偶数 2.4.6,…の集合も無限集合です。

　この本では、有限集合だけを扱います。次のコラムで述べるように、数学の集合論という分野は、無限集合を対象とするから面白いし、意味があるのですけれども。

## コラム 7.1　　無限集合は奇妙で、面白い

　上で述べたように、自然数も、自然数の中の奇数も偶数も無限集合です。奇数と偶数を合わせると自然数全体になります。ところが、「ある意味で」自然数も、奇数も、偶数も同じ個数あると言うことができます。そんな馬鹿な！全体と部分が等しいなんて！　無限集合とはそういう世界です。

　それどころか、有理数の集合を考えます。有理数というのは、10/3、5/6、365/12 のように、自然数 / 自然数という分数の形に書ける数のことです。3 は 3/1 と書けますから、自然数は有理数の一部です。それにもかかわらず、「ある意味で」有理数と自然数は同じ個数あると言うのです。

　こういった奇妙で面白い無限集合の世界を垣間見たいという人には、遠山啓の名著、「付録 さらに勉強したいときは」の (8) を薦めます。

## 部分集合とは

　2 つの集合 $A$ と $B$ があって、集合 $A$ の要素がすべて集合 $B$ の要素でもあるとき、集合 $A$ は集合 $B$ の**部分集合**（subset）であると言います。あるいは、「集合 $A$ は集合 $B$ に含まれる」とか、「集合 $B$ は集合 $A$ を含む」とも言います。これを

$$A \subset B \quad \text{あるいは} \quad B \supset A$$

と書きます。⊂という記号の開いているほうが、大きいほうの集合だと憶えてください。

　たとえば、{ 北海道 , 四国 , 九州 } は { 北海道 , 本州 , 四国 , 九州 , 沖縄 } の部分集合で、

$$\{\text{北海道} , \text{四国} , \text{九州}\} \subset \{\text{北海道} , \text{本州} , \text{四国} , \text{九州} , \text{沖縄}\}$$

となります。

　上の部分集合の定義を文字どおり解釈すると、$A$ と $B$ が同じ集合であっても、$A$ は $B$ の部分集合であることになります。つまり、どんな集合もそれ自身の部分集合なのです。日本語の「部分」という言葉にとらわれると奇妙な感じがしますが、集合論ではそう定義します。そのほうが都合が良いからです。説明が簡単になるからとか、すっきりするからとか言ってもいいでしょう。

　ですから、⊂は数値の大小の≦、⊃は数値の大小の≧のように、等号＝が入っていると思ってください。そういう意味で、私は⊂を⊆、⊃を⊇と書くほうが好

きなのですが、⊂と⊃が主流です。

　数値では、$a \leqq b$と$a \geqq b$の両方が成り立つと、$a = b$となります。同様に、集合でも$A \subset B$と$A \supset B$の両方が成り立つと、$A = B$、つまり同じ集合になります。

　任意の2つの集合$A$と$B$を持ってきたとき、$A \subset B$と$A \supset B$のどちらかが必ず成り立つとは限りません[1]。この点は数値の大小関係とは違います。部分集合の定義は、「一方の集合に属する要素がすべて他方の集合にも属する」ということでした。ですから、たとえば、{ 北海道 , 四国 , 九州 } と { 本州 , 四国 } は、どちらも他方の部分集合になっていません。


**【例題 7.2】** 集合 { 太郎 , 次郎 , 花子 } の部分集合をすべて挙げてください。

[解答] { 太郎 , 次郎 , 花子 }、{ 太郎 , 次郎 }、{ 太郎 , 花子 }、{ 次郎 , 花子 }、{ 太郎 }、{ 次郎 }、{ 花子 }、{ } の 8 集合。

　{ 太郎 , 次郎 , 花子 } は挙げなければなりません。集合は自分自身の部分集合であると定義しましたから。{ 太郎 } は、太郎という要素 1 つだけを持つ集合です。要素 1 つだけの集合 { 太郎 } と、要素である太郎とは区別してください。{ 太郎 } ⊂ { 太郎 , 次郎 , 花子 } ですが、太郎 ∈ { 太郎 , 次郎 , 花子 } です。∈は「属する」という記号でしたね。

　最後に、{ } という妙なものが挙がっています。これは「要素が 1 つもない集合」です。**空集合**（くうしゅうごう、empty set）、つまり空（から）の集合と呼ばれます。この本では、空集合であることが一見してわかるように、{ } を用います。数学ではギリシャ文字のφを使うことが多いのですが。

　空集合も、集合 { 太郎 , 次郎 , 花子 } の部分集合として入れておくと、話がきれいに進むのです。それはおいおい納得していただけるでしょう。空集合は、どんな集合の部分集合にもなります。


**[演習 7.2]** 例題 7.2 で挙げた 8 個の集合を頂点として、その間の部分集合関係を有向辺で表したグラフを書いてください。ただし、すべての部分集合関係を示すと、グラフが複雑になりすぎますから、要素の数が 1 つ違う集合のあいだだけに有向辺を書いてください。要素数が 2 つ以上違う集合のあいだの部分集合関係は、後の性質 8.1 の 3）（p.71）によって間接的に示されます。整理してなるべくきれいに見えるように書いてください。

---

1　これは、第 15 講で学ぶ「半順序」の一例です。

## 集合にたいする演算 —— 和集合、積集合、補集合

ある会社の出勤日を考えます。土日は休みなので、月曜から金曜までの平日が出勤日です。ただし、A さん、B さんは定年後の嘱託採用なので、A さんの出勤日は月火水の 3 日、B さんの出勤日は月水金の 3 日です。そうすると、次の 3 つの集合ができます。順に、出勤日全体の集合、A さん、B さんの出勤日の集合です。

$$U = \{ 月 , 火 , 水 , 木 , 金 \}$$
$$A = \{ 月 , 火 , 水 \}$$
$$B = \{ 月 , 水 , 金 \}$$

これから考えるのは、{月,火,水,木,金}という出勤日集合の中だけの話です。これを**全体集合**(universal set)と呼びます。Universe は宇宙のことですから、これが今考えている宇宙全体なのだ、その外は考えないという意味です。全体集合は universal set の頭文字をとって $U$ で表します。

$A,B$ は全体集合 $U$ の部分集合です。それらにたいして、和集合、積集合、補集合という 3 つの演算を定義します。

### (1) 和集合

2 つの集合の**和集合**（union）とは、そのどちらかまたは両方に属する要素からなる集合です。**合併**と呼ぶこともあります。市町村合併などというときの「合併」です。$A$ と $B$ との和集合を $A \cup B$ と表します。$A = \{ 月 , 火 , 水 \}$、$B = \{ 月 , 水 , 金 \}$ でしたから、その一方または両方に属する要素の集合は、

$$A \cup B = \{ 月 , 火 , 水 , 金 \}$$

となります。{月,火,水,水,金}ではないことに注意してください。集合では、同じ要素を重複して挙げることはしないことになっています。2 つの市町村の合併では、合併後の人口は合併前の市町村の人口の和になりますが、集合では、重複した要素の分だけ要素数が減ります。

### (2) 積集合

2 つの集合の**積集合**（intersection）とは、そのどちらにも属する要素からなる集合です。**共通部分**とか**交わり**と呼ぶのが普通ですが、この本では、和集合と対比させて積集合という用語を採用します。$A$ と $B$ との積集合を $A \cap B$

と表します。$A = \{\, 月, 火, 水 \,\}$, $B = \{\, 月, 水, 金 \,\}$ でしたから、その両方に属する要素の集合は、

$$A \cap B = \{\, 月, 水 \,\}$$

となります。

## (3) 補集合

和集合と積集合は 2 つの集合を結びつける演算でしたが、**補集合** (complement)は 1 つの集合だけに働きかける演算です。集合 $A$ の補集合は、全体集合 $U = \{\, 月, 火, 水, 木, 金 \,\}$ のなかで $A$ に属さない要素の集合です。これを $\overline{A}$ で表します。$A = \{\, 月, 火, 水 \,\}$ ですから、

$$\overline{A} = \{\, 木, 金 \,\}$$

です。

名前から想像されるように、和集合は数値にたいする足し算+と、積集合は数値にたいする掛け算×と少し似ています（同じではありません）。補集合に似ている数値演算をあえて探すと、2 から－2 を得るような符号反転演算でしょうか。和集合の演算記号∪は全体集合 $U$ によく似ているので、間違えないようにしてください。

### ベン図による理解

和集合、積集合、補集合は、**ベン図**（Venn diagram）を用いると理解しやすくなります。Venn は、この図を考えだした数学者です。図 39 にベン図で和集合、積集合、補集合を示します。長方形の枠が全体集合 $U$、つまり今考えている宇宙です。左側の円は集合 $A$、右側の円は集合 $B$ を表し、円内が要素の集まりだと思ってください。

和集合 $A \cup B$ は図 (a)、積集合 $A \cap B$ は図 (b)、補集合 $\overline{A}$ は図 (c) の、それぞれ網かけの領域になります。図 (a)、(b) を見ると、和集合を合併、積集合を共通部分とか交わりとか呼ぶ理由が納得できると思います。

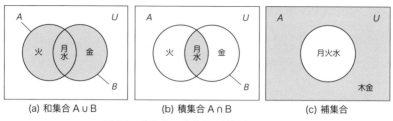

(a) 和集合 A∪B　　　(b) 積集合 A∩B　　　(c) 補集合

図 39　和集合、積集合、補集合のベン図

$C = \{ 火 \}$ とします。$C$ は $A = \{ 月 , 火 , 水 \}$ の部分集合です。つまり、$C \subset A$。この様子を図 40(a) のベン図に示します。ベン図では、集合 $A$ の中に集合 $C$ がすっぽり入った形になります。集合 $C$ が集合 $A$ の部分集合であることを、集合 $C$ は集合 $A$ に「含まれる」とも言うと先に述べましたが、この図でよくわかります。

$B = \{ 月 , 水 , 金 \}$ と $C$ の積集合を取ると、両方に共通して属する要素はありませんから、$B \cap C = \{ \ \}$ です。ベン図でこの様子を示すと、図 40(b) のようになります。図 39(b) の網かけの領域、すなわち 2 つの集合の交わり（共通部分）がない状態です。このような関係にある 2 つの集合を、数学では**互いに素**である（disjoint）と言います。しかし、数学の外では**互いに排他的**である（mutually exclusive）という言いかたもされますので、この本ではそちらを用います。

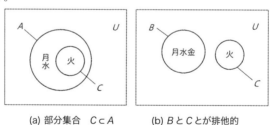

(a) 部分集合　$C \subset A$　　　(b) $B$ と $C$ とが排他的

図 40　部分集合と排他的のベン図

ベン図は、物事のあいだの関係を表す手段として、ビジネス本やプレゼンテーション（プレゼン）の教科書で見たことのある人も多いでしょう。

[**演習 7.3**] 四季 $U = \{\,$ 春 $,$ 夏 $,$ 秋 $,$ 冬 $\,\}$ の中で好きな季節を訊きました。A
さんは $A = \{\,$ 春 $,$ 夏 $,$ 秋 $\,\}$、B さんは $B = \{\,$ 夏 $,$ 冬 $\,\}$、C さんは $C = \{\,$ 冬 $\,\}$ と答
えました。

a) 部分集合の関係にあるのは、どの 2 つの集合でしょうか?

b) 互いに排他的な集合はどれとどれでしょうか?

c) 和集合 $A \cup B$, 積集合 $A \cap B$, 補集合 $\overline{A}, \overline{B}, \overline{C}$ を求めてください。

## ベン図を活用して考えよう

　ベン図を用いると、集合を視覚化して考えることができます。ベン図の活用を
さらに発展させましょう。

　ある病気に新しい検査方法が見つかりました。その病気の人 50 人を検査し
たところ、48 人が陽性（病気であると判定されること）、2 人が陰性でした。
したがって、この検査の見逃し率は 2/50 = 0.04 となります。見逃し率は低い
ほど望ましいわけです。しかし、この検査の良し悪しを判断するには、見逃し
率が低いだけではマズイのです。

　この病気でない人 100 人を検査したところ、9 人が陽性と出ました。9/100
= 0.09 を誤検出率と言います。陽性と判定されると、精密検査を受けてもら
わなければなりません。精密検査によって病気でないことがわかるわけです。
本人にとっても苦痛・時間・費用のコストがかかり、社会的にも損失が生じま
す。ですから、検査は見逃し率が低いだけでなく、誤検出率もある程度低い必
要があります。病気でない人 100 人のうち 50 人も陽性と判定されたら、この
検査は使いものにならないでしょう。

　こういう考えかたを図 41 に示します。

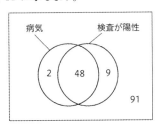

図 41　見逃し率と誤検出率のベン図

【演習 7.4】これに似た考えかたを適用すべき例を挙げてみましょう。たとえば、地震の前兆現象、サプリメントが効くか効かないか、など。

【例題 7.3】何人かの人がいます。
① コートを着ている人はみな手袋をはめています。
② 手袋をはめてマフラーを巻いている人はいません。
　　コートを着てマフラーを巻いている人がいないことを、ベン図を使って説明してください。

［解答］①から、コートを着ている人は、手袋をはめている人の部分集合になります。②から、手袋をはめている人とマフラーを巻いている人は、互いに排他的で重ならないことがわかります。この 2 点からベン図を描くと、図 42 のようになりますから、コートを着てマフラーを巻いている人はいません。

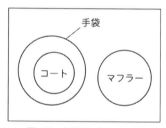

図 42　例題 7.3 のベン図

【演習 7.5】小説家、詩人、画家が何人かいます。小説家で詩人でもある人も、詩人で画家である人もいますが、小説家で画家の人はいません。小説家の一部は大学教授です。次の 2 つのことが正しいかどうか、ベン図を使って確かめてください。
a) 詩人で大学教授の人がいるかもしれない。
b) 画家で大学教授の人がいるかもしれない。

【例題 7.4】ある学部には授業料免除を受けている学生が 90 人います。父親の居ない学生 (母親もいない学生を含む) は 65 人です。母親の居ない学生 (父親も居ない学生を含む) は 20 人です。両親揃っている学生は 10 人です。両親とも居ない学生の数を求めてください。

[解答] 図43のベン図で考えましょう。全体集合 U は90人です。父親が居ないという円の中には65人います。母親が居ないという円の中には20人います。2つの円の外側が両親揃っている学生ですから、ここに10人います。それ以外の3つの領域にいる学生の合計は90 − 10 = 80人です。父親が居ないという円内の学生と母親が居ないという円内の学生を合わせると、両親とも居ない学生が二重に数えられます。ですから、二重に数えた学生数65 + 20から二重に数えない学生数80を引くと、両親とも居ない学生は5人です。

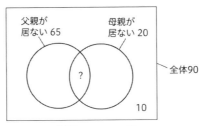

**図43　例題7.4のベン図**

## [演習7.6]（やや難しい）

　ある高校では、卒業までに音楽、美術、書道からなる芸術科目を0科目以上、3科目まで取ることができます。45人からなる3年生のクラスで、次のような履修状況でした。3科目全部を取っている生徒の数を求めなさい。

① 1科目も取っていない生徒は2人

② 音楽を取っている生徒（他の科目も取っているかもしれない。以下同じ）は34人

③ 美術を取っている生徒は33人

④ 書道を取っている生徒は11人

⑤ 音楽と美術を取っている（書道も取っているかもしれない。以下同じ）生徒は25人

⑥ 音楽と書道を取っている生徒は5人

⑦ 美術と書道を取っている生徒は8人

**第 7 講のまとめ**

・数学では、ものの集まりを集合と呼ぶ。集合に含まれる「もの」を
　要素と言う。要素は集合に「属する」と言う。集合は、要素が与え
　られたとき、それが集合に属するか否かを明確に決められる集まり
　でなくてはならない。

・部分集合、和集合、積集合（共通部分）、補集合、全体集合、空集合、
　互いに排他的（互いに素）という演算や概念を学んだ。

・2 個あるいは 3 個の集合のあいだの関係は、ベン図で表すと視覚的
　に理解できる。

・ベン図を用いて視覚化すると、考えやすくなる場合がある。

## コラム 7.2　　この本ではなぜグラフが先、集合が後なのか？

　　第 1 講のコラム 1.2 で断ったように、この本でデジタル数学と言っている
数学の分野は、本来は離散数学と呼ばれています。離散数学の教科書は、
集合から始まるのが定番です。その後は第 14、15 講で扱う「関係」が続き
ます。グラフや木が出てくるのはずっと後です。

　　この本ではそうした慣習を破って、グラフや木を先に取りあげ、集合はその
後に回しました。理由はいくつかあります。

・グラフの応用例を用いて、「抽象化」という概念（コラム 1.1、p.6）を
　早く説明したい。

・集合は抽象的になりやすく、何のために勉強するのかがわかりにくい（ベ
　ン図が出てくると、ほっとしますが）。

・この講ですでに感じられたように、記号や式がいっぱい出てきて、数学に
　苦手意識をもつ人には、それだけで敬遠されかねない。出だしからそう
　なるのは避けたい。

・集合と、次に取りあげる「論理」とは相性が良いので、続きの話題にしたい。

・グラフは、そのままですでに視覚化されているので、取りつきやすい。

いかがでしょうか、あなたの意見は？

**演習の解答**

[演習 7.1] a) なる  b) ならない  c) なる  d) ならない

[演習 7.2] 例として、図 44

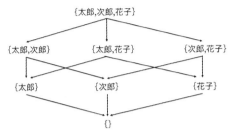

X → Y は、Y が X の部分集合であることを表す

**図 44　演習 7.2 の解答**

[演習 7.3]a) $C \subset B$  b) $A$ と $C$  c) $A \cup B = \{$春,夏,秋,冬$\}$, $A \cap B = \{$夏$\}$, $\overline{A} = \{$冬$\}$, $\overline{B} = \{$ 春 , 秋 $\}$, $\overline{C} = \{$ 春 , 夏 , 秋 $\}$

[演習 7.5] この記述からベン図を描くと、図 45 になります。よって、a) 正しい  b) 正しくない

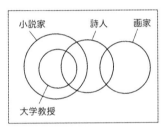

**図 45　演習 7.5 のベン図**

[演習 7.6] 図 46 のベン図を見ながら考えます。①から、1 科目以上取っている生徒は 45 − 2 = 43 人です。この 43 人を別の見方で数えてみます。②の音楽を取っている生徒 34 人、③の美術を取っている生徒 33 人、④の書道を取っている生徒 11 人を合計すると、78 人となりますが、これには 2 科目以上取っている生徒が重複して数えられています。そこで、この 78 人から、⑤の音楽と美術を取っている生徒 25 人、音楽と書道を取っている生徒 5 人、美術と書道を取っている生徒 8 人を引くと、78 − 25 − 5 − 8 = 40 になります。しかし、先ほどの引き算をすると、3 科目とも取っている生徒は、②③④でも 3 回数えられ、⑤⑥⑦でも 3 回数えられていますから、引き過ぎて消えてしまいます。そこで、上の 40 人に、もう一度 3 科目とも取っている生徒数を加えてやると、1 科目以上取っている生徒数 43 人になるは

ずです。したがって、3 科目とも取っている生徒は 3 人です。

わかりにくかったですか？　同じことをちょっぴり数学的に説明します。図 46 の 8 つの領域に入る人数を $a$ 〜 $h$ としましょう。①〜⑦の記述によって、次のことがわかります。②から $a + b + c + d = 34$、③から $b + d + e + f = 33$、④から $c + d + f + g = 11$、⑤から $b + d = 25$、⑥から $c + d = 5$、⑦から $d + f = 8$。②③④の式の和から⑤⑥⑦の式を引くと、$a + b + c + e + f + g = 40$。一方、①から $h = 2$ ですので、$a + b + c + d + e + f + g = 43$。よって、$d = 3$。

3 つの集合の関係を考えるときには、図 46 のように 3 つの集合が完全に交わって 8 つの領域ができるようにベン図を描かなければなりません。（音楽を取った／取らないの 2 通り）×（美術を取った／取らないの 2 通り）×（書道を取った／取らないの 2 通り）で、8 つの領域になるわけです。図 45 では、「小説家で画家の人はいません」という条件があったために、小説家の集合と画家の集合が離れているわけです。

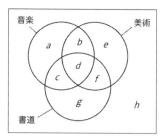

図 46　演習 7.6 のベン図

# 第8講　集合を操作しよう

**部分集合の性質**

　集合に関する性質を学びましょう。まず、復習から入ります。

■**性質 8.1**　全体集合 $U$ の任意の部分集合 $A, B, C$ にたいして、

1) $A \subset U$ かつ $\{\,\} \subset A$

2) $A \subset A$

3) $(A \subset B$ かつ $B \subset C)$ ならば $A \subset C$

4) $A = B$ ならば $(A \subset B$ かつ $B \subset A)$。逆に、$(A \subset B$ かつ $B \subset A)$ ならば $A = B$

　性質 1) は、$A$ が全体集合 $U$ であっても、空集合 $\{\,\}$ であっても成り立つことに注意しましょう。それは、$\subset$ やつには等号 $=$ が含まれていると定義したからです。性質 2) と 4) もそれでわかります。

　性質 3) を証明します。集合 $A$ が集合 $B$ の部分集合ですから、集合 $A$ の要素はすべて集合 $B$ の要素でもあります。集合 $B$ が集合 $C$ の部分集合ですから、集合 $B$ の要素はすべて集合 $C$ の要素です。したがって、集合 $A$ の要素はすべて集合 $C$ の要素です。つまり、集合 $A$ は集合 $C$ の部分集合です。ベン図で表せば、図 47 から一目瞭然です。

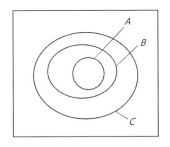

図 47　性質 8.1 の 3) にたいするベン図

この性質は、普通の数値にたいする（$a \leqq b$ かつ $b \leqq c$）ならば $a \leqq c$ という性質に相当します。このような性質を一般に **推移律**（transitive law）と呼びます。第 14 講で出てきます。

### 集合演算の性質
■**性質 8.2** 　和集合∪、積集合∩、補集合⁻ にたいして、表 5 に示す性質が成り立ちます。

表 5 　集合演算の性質

| 1）べき等律 | $A \cup A = A$ | $A \cap A = A$ |
|---|---|---|
| 2）交換律 | $A \cup B = B \cup A$ | $A \cap B = B \cap A$ |
| 3）結合律 | $(A \cup B) \cup C = A \cup (B \cup C)$ | $(A \cap B) \cap C = A \cap (B \cap C)$ |
| 4）分配律 | $A \cup (B \cap C) = (A \cup B) \cap (A \cup C)$ | $A \cap (B \cup C) = (A \cap B) \cup (A \cap C)$ |
| 5）同一律 | $A \cup \{\} = A,\ A \cup U = U$ | $A \cap U = A,\ A \cap \{\} = \{\}$ |
| 6）対合律 | $(\bar{A}) = A$ 　（補集合の補集合は元に戻る） | |
| 7）補元律 | $A \cup \bar{A} = U,\ \bar{U} = \{\}$ | $A \cap \bar{A} = \{\},\ (\overline{\{\}}) = U$ |
| 8）ド・モルガンの法則 | $(\overline{A \cup B}) = \bar{A} \cap \bar{B}$ | $(\overline{A \cap B}) = \bar{A} \cup \bar{B}$ |

　2）の交換律は、和集合・積集合をとる 2 つの集合の順序を入れ換えてもよいという性質です。普通の足し算や掛け算で、$3 + 5 = 5 + 3$、$3 \times 5 = 5 \times 3$ が成り立つのと同じです。交換律と 3）の結合律を合わせると、3 つ以上の集合の和集合や積集合において、どんな順序で和集合または積集合をとっても同じ結果になることがわかります。これは、数値にたいする足し算や掛け算において、どんな順に足したり掛けたりしてもよいことに対応しています。

　4）分配律の右側の性質 $A \cap (B \cup C) = (A \cap B) \cup (A \cap C)$ を考えましょう。∪を数値にたいする足し算の＋、∩を掛け算の×に置き換えると、$a \times (b + c) = a \times b + a \times c$ という分配則になります。$3 \times (2 + 5) = 3 \times 2 + 3 \times 5$ というような性質ですね。図 48 にベン図を使った説明を示します。（注意：ベン図による説明は厳密な証明になりません。）図 (a) の縦にハッチを付けた部分は和集合 $B \cup C$ の領域です。これと $A$ との積集合（共通部分）∩をとると、左辺は縦横二重にハッチを付けた領域になります。一方、右辺の積集合 $A \cap$

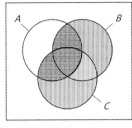 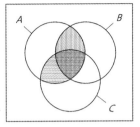

(a) A∩(B∪C)　　　　　(b) (A∩B)∪(A∩C)

図48　分配律の右の性質の説明

$B$ は図 (b) の縦のハッチを付けた領域、積集合 $A \cap C$ は横のハッチを付けた領域になります。両者の和集合をとると図 (a) の二重ハッチの領域に一致することがわかります。

　では、4) 分配律の左側の性質 $A \cup (B \cap C) = (A \cup B) \cap (A \cup C)$ を見てみましょう。∪を+で、∩を×で置き換えると、数値では $a + (b \times c) = (a + b) \times (a + c)$ となります（足し算を掛け算より先に行うことを指定するために、括弧が必要です）。えっ、こんな式は見たことないですね！　具体例で試してみると、$3 + (2 \times 5) = 13$、$(3 + 2) \times (3 + 5) = 40$ と一致しません。しかし、集合演算では $A \cup (B \cap C) = (A \cup B) \cap (A \cup C)$ が成立するのです！

**[演習 8.1]** 本当でしょうか？　4) 分配律の左側の性質が成り立つことを、右側の性質の説明に倣って、ベン図を使って説明してみましょう。

　最後に取りあげるのは、8)　**ド・モルガンの法則**です。呼びかたから推測されるとおり、ド・モルガン（de Morgan）はこの法則を発見した数学者の名前です。左の性質 $\overline{A \cup B} = \overline{A} \cap \overline{B}$ は、集合 $A$ と $B$ の和集合の補集合は、$A$ の補集合と $B$ の補集合の積集合に等しいことを表します。右の性質 $\overline{A \cap B} = \overline{A} \cup \overline{B}$ は、集合 $A$ と $B$ の積集合の補集合は、$A$ の補集合と $B$ の補集合の和集合に等しいことを表します。つまり、補集合をとると、和集合と積集合が反転するのです。

　左の性質 $\overline{A \cup B} = \overline{A} \cap \overline{B}$ をベン図で確かめてみましょう。左辺 $\overline{A \cup B}$ は図 49(a) の網かけをした領域になります。右辺の $\overline{A}$ は図 (b) の縦にハッチを付

けた領域、$\overline{B}$ は横にハッチを付けた領域です。その積集合である $\overline{A} \cap \overline{B}$ は二重にハッチのある領域で、それは (a) の網かけの領域に一致します。

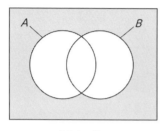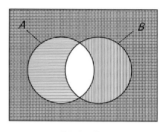

(a) A∪B　　　　　　　　　(b) A∩B

図 49　ド・モルガンの法則の左の性質の説明

**[演習 8.2]** ド・モルガンの法則の右の性質 $\overline{A \cap B} = \overline{A} \cup \overline{B}$ を、ベン図を使って説明してください。

**[演習 8.3]** 表 5 の残りの性質は簡単で、ベン図を使えばただちに納得できると思います。興味のある人は、適当な性質を選んで試してみてください。

### 双対性

表 5 は、対合律を除いて、左右 2 つの欄に分かれています。左の性質の和集合∪を積集合∩に、逆に∩を∪に、全体集合 $U$ を空集合 { } に、逆に { } を $U$ に置き換えると、右の性質が得られます。右の性質から左の性質へも、同じ置き換えで導けます。これを**双対性**（duality）と言います。数値にたいする分配則では成り立たなかった 4) 分配律の左の性質が集合では成り立つのも、双対性の表れです。このような双対性を「美しい」と感じる人もけっこう居るようです。

### コラム **8.1**　MECE

「論理的に考える方法」といったタイトルの本に MECE（Mutually Exclusive, Collectively Exhaustive）という考えかたが出てくることがあります。「ミッシー」とか「ミーシー」とか呼ばれています。これは、考えている範囲のこと（全体集合にあたる）を部分集合に分けるとき、部分集合が互

いに排他的（Mutually Exclusive）で、かつ、すべての部分集合を集めると全体集合を覆い尽くす（Collectively Exhaustive）ように分けることを意味します。部分集合が互いに排他的でないと、重複しているもの（ダブリ）があります。すべての部分集合を集めても全体集合を覆い尽くさないと、漏れているもの（モレ）があります。物事を整理して考えなければならないときに注意すべき、ダブリ、モレを防ぐことができます。さらに、ズレ（記述に整合性がないこと）も持ちこみにくい効果があります。

**[演習 8.4]** 全体集合を MECE になるように分けるとはどういうことか、ベン図で例を示してください。

　例で考えてみましょう。採用対象者を最終学歴で分けることを考えます。中学卒、高校卒、大学卒、大学院修士卒、大学院博士卒、で良いでしょうか？短大卒と高専卒が抜けていますね。つまり、最初の分類では全体集合を覆い尽くさなかったわけです。

　社会調査の一環として、18 歳以上の人の就業状態を調べることにしました。無職、正社員、派遣社員、パートタイム、自営業、学生、に分ければよいでしょうか？　分類上、いろいろと困る問題が発生します。

- ・夫婦でやっているお店を会社組織にして、夫は社長、妻は役員というケースで、夫は自営業として、妻も自営業でしょうか、正社員でしょうか？
- ・学生でアルバイトをしている人は、学生か、パートタイムか？　昼は正社員あるいは派遣社員として働き、夜学校で学んでいる人はどちらに？
- ・学生で起業をした人は、学生か、自営業か？

　数学での集合は、要素が集合に属するか否かが明確に決まる集まりだけを考えました。世の中のさまざまなものの集まりは、そうはいかないようです。集合の境界がはっきりしていないことが多いのです。MECE の考えかたは、そのような場合にも応用されています。

**[演習 8.5]** オフィスに飲み物の自動販売機を設置することになりました。どのような飲み物を用意するかを、実際に置くかどうかは別にして、MECE の考えかたで列挙してみてください。

MECE は、雑然と挙げられたいくつかの項目をグループに分けるときにも有効です。演習で理解しましょう。

**[演習 8.6]** ある市で、豪雨による川の氾濫のおそれが生じて避難勧告が出されました。しかし、避難した人はわずかでした。どうしたら避難率を上げることができるか、市でブレーン・ストーミングを行って出た意見を、下に列挙します。MECE の考えかたでこれらの意見をグループ分けしてください。

① 避難準備・避難勧告・避難命令の区別がわかりにくい。それぞれが発令されたときに何をすればよいのかを住民に理解してもらう必要がある。

② 避難訓練への参加を呼びかけても、いつも同じ人たちしか参加しない。

③ 日頃からハザードマップで自分の家の危険状態を知っておくよう、自治会主催の講習会を開くべきだ。

④ 避難関係の情報を出すタイミングと、内容の表現法、知らせかたを工夫する必要がある。

⑤ 避難訓練に参加した人には地元商店街で使えるクーポン券を出してはどうか。

⑥ 夜になると避難は危険度が増すので、避難を控える人が多くなる。明るいうちに避難勧告・避難命令を出すほうがよい。

⑦ 避難場所でできるだけ快適に過ごせるようにすることも、避難率向上に寄与する。

⑧ テレビやラジオでは、市全体の情報しか放送されない。川の氾濫で浸水しそうな地域は市の一部であるので、そこへ重点的に伝える必要がある。

⑨ 小中学校で防災教育を行い、それを家族に伝えてもらう。

⑩ 避難情報の連絡方法を多重化する必要がある。

---

### 第 8 講のまとめ

・集合演算のあいだには表 5 で示す性質が成り立つ。双対性という上位の性質がある。

・MECE という考えかたは、物事を整理して列挙したり、グループ分けしたりするときに役立つ。

---

**演習の解答**

[演習 8.1] 左辺 $A \cup (B \cap C)$ は、図 50(a) の網かけの領域になります。右辺の $(A \cup B)$ は図 (b) の縦ハッチの領域、$(A \cup C)$ は横ハッチの領域です。この 2 領域の積集合 $\cap$ をとると、二重ハッチの領域となり、左辺に一致します。

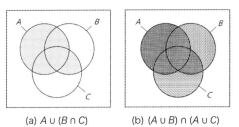

(a) $A \cup (B \cap C)$　　　　(b) $(A \cup B) \cap (A \cup C)$

図 50　分配律の左の性質の説明

[演習 8.2] 左辺 $\overline{A \cap B}$ は、図 51(a) の網かけをした領域になります。右辺の $\overline{A}$ は図 (b) の縦ハッチの領域、$\overline{B}$ は横ハッチの領域です。その和集合である $\overline{A} \cup \overline{B}$ はどちらかのハッチのある領域で、それは (a) の網かけの領域に一致します。

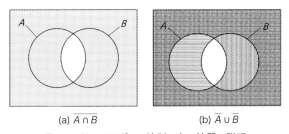

(a) $\overline{A \cap B}$　　　　　(b) $\overline{A} \cup \overline{B}$

図 51　ド・モルガンの法則の右の性質の説明

[演習 8.4] 全体集合を、重なりがなくかつ覆い尽くす部分集合に分けるのですから、たとえば図 52 のようになります。

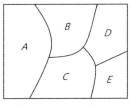

図 52　MECE の例

[演習 8.5] この問題や次の演習 8.6 には、ただ 1 つの正解はありません。妥当な

解答の一例だと考えてください。

　オフィスですから、アルコール類は、ノン・アルコールも含めて除きましょう。次のような区分けが考えられます。

　　a) コーヒー、紅茶、ココア、日本茶、ウーロン茶
　　b) ジュース、コーラ、サイダーなどの清涼飲料水
　　c) 疲労回復剤
　　d) スポーツドリンク

a) は暖かいものと冷たいものに分けることもできます。カフェラテ、ミルクティーのように、a) にミルクが入っているものは a) に含めます。b) も同様です。このあたりを明確にしておかないと、互いに排他的になりません。全体を覆い尽くすという観点からは、まだ落ちているものがありますね。

　　e) コーン・スープ、ポタージュ・スープなどのスープ類
　　f) おしるこ、甘酒など

こんなところでしょうか?

　自動販売機に置く飲み物の区分けは、他のいくつかの視点 (切り口) からもできます。
　・容器 (かん、びん、ペットボトル、紙パック) に入っているタイプと、紙コップに注ぐタイプ
　・容量 (何 ml か)
　・値段の範囲

　これらの視点を混在させる、たとえば上の a) 〜 f) の区分けに「紙コップに注ぐ飲み物」を追加したりすると、MECE になりません。

[演習 8.6] 次のようにグループ分けするのが適切と考えます。

　　a) 災害が迫る以前の平穏時に行うこと
　　b) 避難情報を出すタイミング、内容や表現、伝えかたに関すること
　　c) 避難場所に関すること

　そうすると、次のように分類されます。a) ②③⑤⑨　b) ①④⑥⑧⑩　c) ⑦
グループ c) はただ1つの項目からなりますが、このグループを設けないと、全体を覆い尽くしません。

# 論理に強くなろう

　集合に続いて、論理について勉強しましょう。『広辞苑』（第7版）で「論理」をひくと、「①思考の形式・法則。また、思考の法則的なつながり。②実際に行われている推理の仕方。論証のすじみち。（③以下省略）」という説明が出てきます。何だかしかつめらしい、難しそうな説明ですね。実際、日常生活や学校・職場であまりに「論理的」に振るまうと、「あの人は理屈っぽい！」といって敬遠される傾向が日本ではあるようです。しかし、論理的に考えることや論理的に表現すること「も」できるほうが、できないよりは良いに決まっています。

## 命題とは、真と偽

　正しい（**真**である）か、正しくない（**偽**である）かを明確に決められる文を、**命題**（proposition）と言います。例で見てみましょう。

a) あなたが今読んでいる本の第9講の表題は「論理に強くなろう」である。

b) 1年は10か月である。

c) 論理について学ぶのは難しい。

d) パリはフランスの首都で、ローマはイタリアの首都である。

e) あなたは今日朝食を食べましたか。

f) この枠の中に書かれていることは嘘である 。

a) は真ですから、命題です。

b) は偽ですから、命題です。

c) は一般論としては正しいかもしれません。しかし、難しいかどうかは人に依るでしょうし、どの程度を「難しい」と言うかも決まっていませんから、真か偽かあいまいです。したがって、命題ではありません。

d) は、2つの命題「パリはフランスの首都である」と「ローマはイタリアの首都である」を、後で述べる「かつ」で結合した文です。どちらの命題も真で

すから、「かつ」で結合しても真です。このように、単純な命題を結合した命題を**複合命題**（compound proposition）と呼びます。

e) のような疑問文は命題ではありません。

f) は**パラドックス**（逆理、paradox）と呼ばれます。真だとしても偽だとしても矛盾が生じる文の例です。これは命題にはなり得ません。

**[演習 9.1]** f) がパラドックスであることを説明してください。

### 命題論理 —— 論理和、論理積、否定

上の d) の説明で述べたように、複数の命題を結合して複合命題を作ることができます。結合のための演算を**論理演算**（logical operation）と呼び、「または」「かつ」「でない」の 3 つがあります。「**または**」は OR とも書かれ、**論理和**（logical sum）と呼ばれます。「**かつ**」は AND とも書かれ、**論理積**（logical product）と呼ばれます。「**でない**」は NOT とも書かれ、**否定**（negation）と呼ばれます。

複合命題の例を見てみましょう。

g) 太郎は大学生であるか、高専の学生である。

「太郎は大学生である」という命題と「太郎は高専の学生である」という命題を「または」で結合した複合命題です。次のようにも書けます。

「太郎は大学生である」OR「太郎は高専の学生である」

h) 1 年は 12 か月であるが、1 か月の日数は一定していない。

「1 年は 12 か月である」と、「1 か月の日数は一定している」の否定とを論理積で結合した複合命題です。次のようにも書けます。

「1 年は 12 か月である」AND（NOT「1 か月の日数は一定している」）

複合命題を含めて、命題で表される論理を扱う論理学を**命題論理**（propositional logic）と言います。

これからは、複合命題を構成する個々の命題を一般的に $a, b, c$ などのアルファベットで表すことにします。この $a, b, c$ などを**論理変数**（logical variable）と呼びます。また、論理和（OR）を演算子 $\vee$ で、論理積（AND）を演算子 $\wedge$

で表し、否定を表すには上に ̄ を付けることにします。論理和と論理積の演算を表す記号の、上下どちらが開いているかは、和集合と積集合を表す∪と∩に一致していることに注意してください。論理変数 $a, b, c$ などを論理演算で組み合わせた式、たとえば $\bar{a} \vee (b \wedge c)$、を**論理式**（logical expression）と呼びます[1]。

また、真という値を1で、偽という値を0で表すことにします。命題論理では真をT（True の頭字）、偽をF（False の頭字）で表すのが普通です。しかし、この本では次の講から始まる論理回路の説明のため、1と0を使います。

**[演習 9.2]** 命題 $a$ を「明日は雨が降る」、命題 $b$ を「明日は寒い」であるとします。次の論理式を日本語で表現してください。

（例）$\bar{a}$　明日は雨が降らない

a) $a \vee b$

b) $\bar{a} \wedge b$

c) $a \vee (\bar{a} \wedge b)$

**[演習 9.3]** 命題 $a$ を「彼は大学生だ」、命題 $b$ を「彼はアルバイトをしている」であるとします。日本語で表された次の命題を、$a, b$ を用いた論理式で表してください。

a) 彼は大学生だが、アルバイトはしていない。

b)「彼は大学生であるか、アルバイトをしているか、あるいはその両方」というのは偽である。

c) 彼は大学生であるか、アルバイトをしているかのどちらかであるが、その両方には当てはまらない。

**[演習 9.4]** 演習 6.5（p.52）のうるう年の定義にしたがって、次の3つの命題から、うるう年を与える論理式を書いてください。

命題 $a$：西暦が4で割り切れる。

命題 $b$：西暦が100で割り切れる。

命題 $c$：西暦が400で割り切れる。

---

1　$a, b, c$ などを変数と見て、**論理関数**（logical function）と呼ぶこともあります。

## 論理和、論理積、否定の真理値表

論理和、論理積、否定という 3 つの論理演算を理解するには、**真理値表**（真理表とも呼ぶ、truth table）と呼ばれる表を使うと便利です。表 6(a) に論理和、(b) に論理積、(c) に否定の真理値表を示します。$a, b$ の値が 0（偽）であるか 1（真）であるかのすべての組合せ（論理和・論理積では 4 通り、否定では 2 通り）にたいして、演算結果が 0 か 1 かを示した表です。いわば、掛け算の九九にあたる表ですが、値が 0 か 1 かの 2 つしかないので、簡単な表になります。

**表 6　論理和、論理積、否定の真理値表**

(a) 論理和 a∨b の真理値表

| a | b | 論理和 a∨b |
|---|---|---|
| 0 | 0 | 0 |
| 0 | 1 | 1 |
| 1 | 0 | 1 |
| 1 | 1 | 1 |

(b) 論理積 a∧b の真理値表

| a | b | 論理積 a∧b |
|---|---|---|
| 0 | 0 | 0 |
| 0 | 1 | 0 |
| 1 | 0 | 0 |
| 1 | 1 | 1 |

(c) 否定 ā の真理値表

| a | ā |
|---|---|
| 0 | 1 |
| 1 | 0 |

(a) の論理和の真理値表を数値にたいする足し算と比べてみましょう。$0 \vee 0 = 0$、$0 \vee 1 = 1$、$1 \vee 0 = 1$、ここまでは足し算と変わりません。$1 \vee 1 = 1$ が足し算とは違うところですが、0 と 1 しかない世界なので、2 になりようがなくて 1 になっていると考えれば、納得がいきます。

注意したいのは、論理和、別名「または」（OR）は、日常用語の「または」とは違う点があることです。「明日の会議には大山か春川が出席します」と言ったとき、どういう意味にとるでしょう？　言うほうも聞くほうも、大山または春川のどちらか一方が出席するという意味にとり、両方出席するとは考えません。しかし、論理和の「または」$a \vee b$ では、$a, b$ の片方が 1（真）であるときだけでなく、$a, b$ 両方とも 1（真）であるときも、結果は 1（真）になるのです。

(b) の論理積の真理値表を数値にたいする掛け算と比べると、全く同じであることがわかります。九九ならぬ一一の表ですね。暗記するまでもありません。論理和は足し算とちょっとだけ違う、論理積は掛け算と同じですから、論理和・論理積と名づけられた理由がわかります。

(c) の否定の真理値表は、単に値の 0（偽）と 1（真）を引っくり返すだけです。

### *a* ならば *b*

日常用語で用いられる論理的関係を表す言葉に、もう一つ「**ならば**」があります。「明日の降水確率が 40% 以上なら、傘を持って出る」とか、「彼が午前 1 時に東京に居たならば、午前 2 時に大阪で起きた殺人の犯人ではない」などは 2 つの命題を「ならば」で結びつけている例です。*a*,*b* を命題として、*a* ならば *b* を $a \to b$ と書きます。→ は「ならば」を表す演算子です。「ならば」→ の真理値表を表 7(a) に示します。*a* が 1（真）であるのに *b* が 0（偽）であるときだけ結果は 0（偽）になり、それ以外のとき結果は 1（真）です。

**表 7 「ならば」の真理値表**

(a) a → b の真理値表

| a | b | ならば a→b |
|---|---|---|
| 0 | 0 | 1 |
| 0 | 1 | 1 |
| 1 | 0 | 0 |
| 1 | 1 | 1 |

(b) a∨b の真理値表

| a | b | $\bar{a}$ | $\bar{a}$∨b |
|---|---|---|---|
| 0 | 0 | 1 | 1 |
| 0 | 1 | 1 | 1 |
| 1 | 0 | 0 | 0 |
| 1 | 1 | 0 | 1 |

「ならば」$a \to b$ は、$\bar{a} \lor b$ の真理値表とまったく同じになります。表 7(b) は $\bar{a} \lor b$ の真理値表です。一番右の欄を (a) と比べてみてください。このように、*a*,*b*,*c* などのすべての値の組合せにたいして、2 つの論理式の結果が一致するとき、それらは**同値**であると言い、＝で表します。

$$a \to b = \bar{a} \lor b$$

です。

論理演算「ならば」も日常用語と違う点があるので、注意が必要です。「明日の降水確率が 40% 以上なら、傘を持って出る」と人が言うとき、暗に「降水確率が 40% 未満ならば傘を持って出ない」ことも意味していることが多いと思います。しかし、論理演算の「ならば」では、「ならば」の前の命題が真でないときには、後ろの命題は真でも偽でもよいことになっています。上の例では、降水確率が 40% 未満のときは、傘を持って出ても持たなくても、「明日の降水確率が 40% 以上ならば、傘を持って出る」という複合命題は真であると決めてあります。言い換えれば、明日の降水確率が 40% 以上のときどうするか、

だけを規定しているのであって、そうでないときはどうでもいいのです。

　「*a* ならば *b*」と「*b* ならば *c*」がともに真であるとき、「*a* ならば *c*」も真となります。「ポチは犬である」と「犬は四足である」から「ポチは四足である」が導かれます。これを何段にも適用したのが「風が吹くと桶屋が儲かる」というジョークですね。
　論理式で書くと、

$$(a \to b) \land (b \to c) \to (a \to c)$$

となります。真理値表で証明しようとすると表が大きくなるので、次の説明でじゅうぶんでしょう。「*a* ならば *b*」ですから *a* が真のとき *b* も真になります。「*b* ならば *c*」ですから *b* が真のとき *c* も真になります。この 2 つを合わせれば、*a* が真のとき *c* も真になることが言えます。これを「ならば」に関する**推移律**と言います。推移律？　部分集合の性質のところで出てきましたね。集合と命題論理のあいだの深い関係については、第 11 講で明らかにします。お楽しみに！

## 逆、裏、対偶

　「ならば」で結合された複合命題に関連して、逆、裏、対偶という概念を復習しておきましょう。「彼が午前 1 時に東京に居たならば、午前 2 時に大阪で起きた殺人の犯人ではない」という命題を取りあげます。逆は「ならば」の前後を入れ換えた命題、裏は「ならば」の前後を共に否定した命題、対偶は「ならば」の前後を共に否定して入れ換えた命題です。上の例では、

　　逆：彼が午前 2 時に大阪で起きた殺人の犯人ではないならば、彼は午前
　　　　1 時に東京に居た。
　　裏：彼が午前 1 時に東京に居なかったならば、彼は午前 2 時に大阪で起
　　　　きた殺人の犯人である。
　　対偶：彼が午前 2 時に大阪で起きた殺人の犯人であるならば、彼は午前 1
　　　　時に東京に居なかった。

となります。元の命題が真であるとして、この逆・裏・対偶の記述は真でしょうか？　対偶は必ず真になりますが、逆と裏は真であるとは限りません。上の例では真ではないですね。逆が真でないにもかかわらず真であるかのように論を

進めるのは、詭弁術の常套手段ですので、気をつけてください。たとえば、「グローバルに活躍できる人は、英語がぺらぺらにしゃべれる」[1]が真であるとして、その逆の「英語がぺらぺらにしゃべれれば、グローバルに活躍できる人である」は真でしょうか?

**[演習 9.5]**「グローバルに活躍できる人は、英語がぺらぺらにしゃべれる」の裏と対偶を示してください。

### 必要条件と十分条件

　必要条件と十分条件についても、復習しておきましょう。「$a$ ならば $b$」というとき、$b$ を $a$ の必要条件、$a$ を $b$ の十分条件と言います。$a$ であるためには $b$ であることが必要、$b$ であればそれで十分 $a$ であることが言えるからです。「グローバルに活躍できる人は、英語がぺらぺらにしゃべれる」が真だとすると、「英語がぺらぺらにしゃべれる」は「グローバルに活躍できる人」の必要条件ですが、十分条件ではありません。「グローバルに活躍できる人」は「英語がぺらぺらにしゃべれる」の十分条件です。

### [演習 9.6]

a) 「その四角形が正方形ならば、4 つの辺の長さは等しい」の逆、裏、対偶を述べてください。

b) 「その四角形が正方形である」は「4 つの辺の長さは等しい」の必要条件ですか、十分条件ですか?

c) 「4 つの辺の長さが等しい」は「その四角形が正方形である」の必要条件ですか、十分条件ですか?

　$a$ が $b$ の必要条件でも十分条件でもあるとき、$a = b$ となります。論理式で書けば、

$$(a \to b) \land (b \to a) = (a = b)$$

---

1　「グローバルに活躍できる人である」も「英語がぺらぺらにしゃべれる」も、命題として扱うには意味があいまいですが、目をつぶってください。

さらに、$a = b$ の値は、表 8(a) の真理値表のように、$a$ と $b$ の値が同じときに 1、違うときに 0 です。ですから、

$$(a = b) = (\overline{a} \wedge \overline{b}) \vee (a \wedge b)$$

とも書けます。

**[演習 9.7]** $(a \rightarrow b) \wedge (b \rightarrow a) = (a = b)$ が成り立つことを、真理値表を使って示してください。表 (b) の空欄を埋めて、右端の欄の値が (a) と一致することを確かめてください。

表 8 演習 9.7 のための真理値表

(a) $a = b$ の真理値表

| $a$ | $b$ | 等しい $a=b$ |
|---|---|---|
| 0 | 0 | 1 |
| 0 | 1 | 0 |
| 1 | 0 | 0 |
| 1 | 1 | 1 |

(b) $(a \rightarrow b) \wedge (b \rightarrow a)$ の真理値表

| $a$ | $b$ | $a \rightarrow b$ | $b \rightarrow a$ | $(a \rightarrow b) \wedge (b \rightarrow a)$ |
|---|---|---|---|---|
| 0 | 0 | | | |
| 0 | 1 | | | |
| 1 | 0 | | | |
| 1 | 1 | | | |

## コラム 9.1　述語論理

命題論理を拡張した論理体系が**述語論理**（predicate logic）[1] です。命題論理では、個別的なもの（特定の個体）に関する命題しか扱えませんでしたが、述語論理では、任意の個体に関する表現を扱うことができます。また、「すべての○○は～である」という記述と、「～である○○が存在する」という記述を扱うことができます。

有名な例を見てみましょう。

　a) すべての人間は死ぬ。

　b) ソクラテスは人間である。

　c) ソクラテスは死ぬ。

　a) の大前提と b) の小前提から、c) の結論が導きだされます。これは三段論法と呼ばれます。こういう推論を行うことができるのが述語論理です。

---

1　述語論理には、一階述語論理のほかに二階述語論理、高階述語論理がありますが、ここで説明するのは一階述語論理です。

**[演習 9.8]** 「例外のない規則はない」という規則は、真でしょうか、偽でしょうか、パラドックスでしょうか？

---

### 第 9 講のまとめ

・真であるか偽であるかを明確に決められる文を、命題と言う。

・複数の命題を、論理和∨（または）、論理積∧（かつ）、否定￣（でない）という論理演算で結合して、複合命題を作ることができる。

・論理演算や論理式は、真理値表で表すことができる。

・「ならば」という論理演算もある。「$a$ ならば $b$」にたいして、その逆・裏・対偶、必要条件・十分条件を復習した。

・「または」と「ならば」は日常用語での使いかたと違う点があるので、注意が必要である。

---

演習の解答

[演習 9.1]「この枠の中に書かれていることは嘘である」が真であると仮定します。そうすると、ここに書かれたことから、それは嘘すなわち偽であることになり矛盾します。では「この枠の中に書かれていることは嘘である」が偽であると仮定してみます。そうすると、「この枠の中に書かれていることは嘘でない、つまり真である」ことになりますから、やはり矛盾します。真と仮定しても偽と仮定しても矛盾を生じますから、この文はパラドックスです。

[演習 9.2] a) 明日は雨が降るか、寒い、またはその両方。

b) 明日は雨が降らないが、寒い。

c) 明日は雨が降るか、雨は降らないが寒い。（内容的には a) と同じです。）

[演習 9.3] a) $a \wedge \overline{b}$　　b) $\overline{a \vee b}$　　c) $(a \vee b) \wedge \overline{a \wedge b}$

[演習 9.4] $a \wedge (\overline{b \wedge c})$ あるいは　$\overline{(a \wedge b) \vee c}$

[演習 9.5]「グローバルに活躍できる人は、英語がぺらぺらにしゃべれる」の

裏は「グローバルに活躍できない人は、英語がぺらぺらにしゃべれない」、

対偶は「英語がぺらぺらにしゃべれない人は、グローバルに活躍できない」です。

[演習 9.6]

a)「その四角形が正方形ならば、4 つの辺の長さは等しい」の

逆は「4 つの辺の長さが等しいならば、その四角形は正方形である」、

裏は「その四角形が正方形でないならば、4 つの辺の長さは等しくない」、

対偶は「4 つの辺の長さが等しくないならば、その四角形は正方形ではない」です。

逆と裏は真ではありません。菱形も 4 つの辺の長さが等しいからです。

b) 十分条件

c) 必要条件

[演習 9.7]

| $a$ | $b$ | $a \to b$ | $b \to a$ | $(a \to b) \wedge (b \to a)$ |
|---|---|---|---|---|
| 0 | 0 | 1 | 1 | 1 |
| 0 | 1 | 1 | 0 | 0 |
| 1 | 0 | 0 | 1 | 0 |
| 1 | 1 | 1 | 1 | 1 |

[演習 9.8]「例外のない規則はない」は偽です。

「例外のない規則はない」という規則は二重否定になっていますので、「すべての規則には例外がある」と言っても同じ意味になります。この規則が真であると仮定すると、この規則自身にも例外があるはずですから、「例外のない規則が存在する」ことになります。これは「すべての規則には例外がある」と矛盾します。

次に、「すべての規則には例外がある」が偽であると仮定します。それは「例外のない規則が存在する」ということを意味します。これを「例外のない規則が存在する」という規則自身に当てはめなくても、世の中に「例外のない規則」が 1 つでもあればよく、実際あるでしょうから、「例外のない規則はない」は偽であるとして矛盾は生じません。

## 第10講　論理回路を作ってみよう

　この講から第13講までは、論理演算を実現する回路（論理回路）の作りかたを勉強します。

### 論理回路の必要性

**【例題 10.1】** 階段の照明を、上下どちらのスイッチからも点滅できるようにしてある所があります。あれはどういう仕組みになっているか、考えたことがありますか？

　図 53 (a) に普通のスイッチを示します。スイッチが上側にあれば開いており、下側に倒せば左右がつながります。これを **ON-OFF スイッチ** と呼びます。このスイッチを 2 つ使って照明を点滅する回路を作ってみましょう。(b) はスイッチを並列につないだ回路、(c) はスイッチを直列につないだ回路です。並列回路 (b) では、どちらかのスイッチを入れただけで電球が点きます。直列回路 (c) では、2 つのスイッチを両方とも入れないと電球は点きません。

　こういう簡単な考えかたでは、2 つのスイッチのどちらからでも照明の状態を切り替えるということはできません。ではどうやっているのでしょうか？　それは、ある意味で論理回路を利用しているのです。

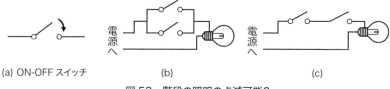

(a) ON-OFF スイッチ　　　　　　　(b)　　　　　　　　　　　　(c)

図 53　階段の照明の点滅可能？

　図 54 に示すスイッチを **三路スイッチ** と呼びます。左に経路 1 があり、右に経路 2 と 3 があります。だから三路スイッチと呼ぶのです。壁にあるスイッチの

左側を押すと、1が2につながります（図はその状態を示しています）。スイッチの右側を押すと、1は3につながります。図53(a)のON-OFFスイッチのように単純に開閉をするのではなく、1から2につなげるか3につなげるかを切り替えられるわけです。

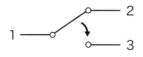

**図54 三路スイッチ**

　三路スイッチを2つ使うと、階段の照明を上下のスイッチから点滅する回路を作ることができます。図55に解答を示します。いまどちらのスイッチも左側が押してあるものとします。そうすると、図に示したように上の経路も下の経路もつながっていませんから、照明は消えています。そこで、スイッチ1の右側を押してみましょう。そうすると、接点1は下側に倒れますから、下の経路がつながって照明が点きます。その状態でスイッチ2の右側を押すと、接点2は上に倒れ、再び上下どちらの経路もつながりません。照明は消えます。そこから、スイッチ1とスイッチ2のどちらを左側に押しても、上下どちらかの経路がつながりますから、照明は点きます。このように、この回路では、2つのスイッチのどちらの状態を反転しても、照明が点灯から消灯へ、消灯から点灯へ切り替わります。

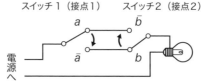

**図55 三路スイッチによる階段の照明の実現**

　これを論理演算を行う回路、すなわち**論理回路**（logic circuit）として考えてみましょう。接点1が上に倒れている状態を命題$a$で、下に倒れている状態をその否定$\bar{a}$で、表すことにします。接点2が下に倒れている状態を命題$b$で、上に倒れている状態を$\bar{b}$で表します（図参照）。

　図55の上の経路は$a$と$\bar{b}$が直列に接続されています。$a$と$\bar{b}$が両方とも1でないと、上の経路はつながりません。上の経路がつながることを論理値1で

表すことにすると、これは $a \wedge \overline{b}$ と表せます。同様に、下の回路がつながることは論理式 $\overline{a} \wedge b$ で表せます。

　照明が点くための条件は、上の経路がつながるか、または、下の経路がつながるかですから、これは論理和「または」を使って、$(a \wedge \overline{b}) \vee (\overline{a} \wedge b)$ と書けます。

　表 9 に論理式 $(a \wedge \overline{b}) \vee (\overline{a} \wedge b)$ の真理値表を示します。論理変数 $a, b$ のどちらの値を反転（否定）しても、結果の 0 または 1 が反転することを確かめてください。

表 9　図 55 の論理回路（排他的論理和 $a \oplus b$）の真理値表

| $a$ | $b$ | $\overline{a}$ | $\overline{b}$ | $a \wedge \overline{b}$ | $\overline{a} \wedge b$ | $(a \wedge \overline{b}) \vee (\overline{a} \wedge b)$ |
|---|---|---|---|---|---|---|
| 0 | 0 | 1 | 1 | 0 | 0 | 0 |
| 0 | 1 | 1 | 0 | 0 | 1 | 1 |
| 1 | 0 | 0 | 1 | 1 | 0 | 1 |
| 1 | 1 | 0 | 0 | 0 | 0 | 0 |

## 排他的論理和 ⊕

　表 9 に示す論理演算は、論理和 ∨ と比べると、最下行の結果だけが違っています。すなわち、$a$ か $b$ のどちらか一方だけが 1 であれば結果は 1 になりますが、$a, b$ 共に 1 であると結果は 0 になります。論理和のときに説明した「$a$ または $b$、または両方」の「両方」を取った演算になっています。この演算を **排他的論理和**（exclusive OR）と呼びます。$a, b$ 共に 1 のときは結果が 0 になるという意味で「排他的」と呼ばれるわけです。演算子としては ⊕ で表します。つまり、

$$a \oplus b = (a \wedge \overline{b}) \vee (\overline{a} \wedge b)$$

です。

　表 9 の $a \oplus b$ の真理値表と、表 8(a) の $a = b$ の真理値表（p.86）を比べてみましょう。演算結果がちょうど逆になっていますね。つまり、排他的論理和 $a \oplus b$ と「等しい」$a = b$ は互いに否定の関係にあります。排他的論理和

$a \oplus b$ は $a$ と $b$ の値が違っているとき 1、「等しい」$a = b$ は $a$ と $b$ の値が同じときに 1 になります。

## 並列接続は OR、直列接続は AND

上の例で明らかになったように、スイッチ（接点）のつながり方を命題（論理変数）で表したとき、複数のスイッチ（接点）を並列につないだときの論理式は論理和 OR で、直列につないだときの論理式は論理積 AND で表されます。

## リレーとは

階段の照明の問題は、三路スイッチを使うことで簡単に解決しました。しかし、三路スイッチは、このような特定の単純な目的には合っていますが、もっと複雑な制御装置とか、電卓やコンピューターを作るのには使えません。たとえば、4 つのスイッチがあって $(a \land b) \lor (b \land c) \lor (\overline{a} \land d) \lor (a \land \overline{b} \land \overline{d})$ が 1 のとき、ある動作をする回路を作ろうと思うと、三路スイッチでは手が出ません。このとき、リレーという部品を使って論理回路を作る方法があります。

リレーは、制御回路や論理回路を作るための部品です。昔（20 世紀の中ごろ）はよく使われましたが、今は特殊なところにしか使われていません。ほとんどがトランジスタや、それを集めた集積回路（IC）やマイクロコンピューターに置きかわっています。しかし、ここではトランジスタによる論理回路ではなく、リレーを使って説明します。理由は 2 つあります。

(1) 三路スイッチによる階段の照明の話からの続きぐあいが良い。

(2) 論理回路を理解するには、トランジスタよりもリレーのほうが適している。

リレーは、図 56(a) に示す構造をしています。電磁石の上にスイッチがあります。スイッチの右側はバネで上に引っぱられていて、左側は固定されています。電磁石に電流が流れていないときは、バネの力でスイッチは開いています。電磁石に電流が流れると、磁石の力で引き寄せられてスイッチが閉じます。このようなリレー[1]を**オン**（on）**接点**と言います。

---

1 リレーという言葉は、陸上や水泳のリレー競技と同じ英語の relay から来ています。図の電磁石に電流が流れると、上のスイッチが閉じてそこに電流を流すことができます。ですから、リレー（引き継ぎ）と呼ぶわけです。

図 (b) のリレーでは、電磁石に電流が流れていないときにはバネの力でスイッチが閉じています。電磁石に電流が流れると、磁石の力で引き寄せられてスイッチが開きます。このようなリレーを**オフ**（off）**接点**と言います。

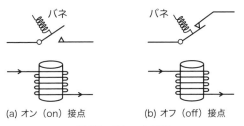

図 56　リレーの構造

　なぜ単純なスイッチでなく、このようなリレーを使うことがあるのでしょうか？ある論理式を実現する論理回路を作るとき、$a$ という論理変数が何度も出てくることがあります。たとえば、$(a \wedge b) \vee (a \wedge c) \vee (\bar{a} \wedge d)$ のように。そうすると、それぞれの $a$ を別々のスイッチで作ったのでは、それらを同じ値にしていっせいに変えることができません。図 57 のようにリレーをいくつか使って、それらの電磁石に共通の電流 $A$ を流したり切ったりすれば、何か所にも現れる変数 $a$ を同時に 1 にしたり 0 にしたりすることができます。図は電磁石に電流 $A$ が流れていなくて、$a = 0$ の状態を示しています。右端のリレーはオフ接点なので、$\bar{a}=1$ を表しています。

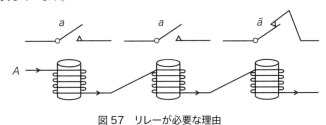

図 57　リレーが必要な理由

## リレーも並列接続は OR、直列接続は AND

　階段の照明の回路のときに説明したように、スイッチ（接点）を並列に接続すると論理和 OR、直列に接続すると論理積 AND になります。これはリレーでも同じです。

図 58(a) は、接点 $a$ と接点 $b$ を並列につないだ回路です（電磁石は省略してあります）。この回路の左端と右端がつながるのは、$a$ か $b$ のどちらか一方、あるいは両方が閉じたときです。論理式で書くと、$a \lor b$ となります。

　図 58(b) は、接点 $a$ と接点 $b$ を直列につないだ回路です。この回路の左端と右端がつながるのは、$a$ と $b$ の両方とも閉じたときです。論理式で書くと、$a \land b$ となります。つまり、**リレーの接点を並列につなぐと論理和が、直列につなぐと論理積が実現できるわけです！**　否定 $\bar{a}$ は、リレー $a$ のオフ接点を使います。

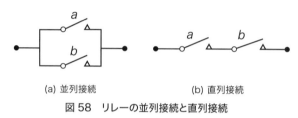

(a) 並列接続　　　　　　　(b) 直列接続

図 58　リレーの並列接続と直列接続

　以下の図では、電磁石を省略してスイッチだけを示し、スイッチも単にその場所に論理変数（オン接点のとき）あるいはその否定（オフ接点のとき）を書きます。図 58(a),(b) は図 59(a),(b) のように簡略表示されます。

　階段の照明を上下のスイッチで点滅する論理回路をリレーで作ったとすると、図 60 のようになります。

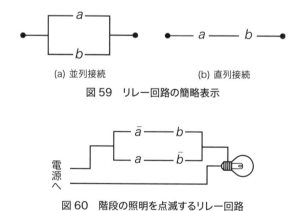

(a) 並列接続　　　　　　　(b) 直列接続

図 59　リレー回路の簡略表示

図 60　階段の照明を点滅するリレー回路

少し練習をしてみましょう。前講で、$a = b$ は $(\bar{a} \wedge \bar{b}) \vee (a \wedge b)$ と書けることを学びました。$(\bar{a} \wedge \bar{b}) \vee (a \wedge b)$ を実現するリレー回路を図61(a)に示します。

**[演習 10.1]** 図61(b) も $a = b$ を実現する回路です。

a) それを確かめてください。

b) この回路はどんな論理式に対応しますか?

(a) $(\bar{a} \wedge \bar{b}) \vee (a \wedge b)$ の実現　　　　　　　　(b)

図61　$a = b$ を実現するリレー回路

**[演習 10.2]** 3階建ての階段の照明全体を、各階のスイッチ3か所で点滅したいとします。あるいは、長い廊下の照明を3か所のスイッチで点滅できるようにしたいとします。これを実現する回路の論理式を書いて、リレー回路を示してください。

[注意] やや難しい演習問題です。[ヒント] 図60が参考になります。

---

### 第 10 講のまとめ

・論理回路を作るには、単純なスイッチでは駄目で、リレー（現在はトランジスタ）を使う。

・リレーを並列につなぐと論理和∨（OR）が、直列につなぐと論理積∧（AND）が実現できる。否定￣（NOT）にはオフ接点を使う。

・排他的論理和 a ⊕ b という論理演算を学んだ。

## 演習の解答

[演習 10.1]

a) この回路の左から右へ電流が流れるには、4つの経路があります。① $\bar{a} \to a$、② $\bar{a} \to \bar{b}$、③ $b \to a$ 、④ $b \to \bar{b}$ です。このうち、$\bar{a}$ と $a$、$b$ と $\bar{b}$ は同時に閉じることはありませんから、①と④の経路は実際には存在しません。したがって、この回路は②または③の2つの経路、すなわち $(\bar{a} \wedge \bar{b}) \vee (a \wedge b)$ を実現しています。

b) $(\bar{a} \vee b) \wedge (a \vee \bar{b})$

[演習 10.2] 2か所のスイッチ $a, b$ のどちらからでも点滅できる論理回路は、排他的論理和 $a \oplus b$ であることを例題 10.1 の解答で学びました。3個目のスイッチのリレーの接点を $c$ とします。$c = 0$ のときは $a \oplus b$ になり、$c = 1$ のときは $a \oplus b$ の否定の $a = b$ になる論理回路を作ります。図 62 のようになります。この回路の真理値表を下に示します。$a,b,c$ がすべて 0 のとき結果は 0、$a,b,c$ のうち1個が1のとき結果は 1、2個が1のとき結果は 0、3個とも1のとき結果は 1 になっています。ですから、$a,b,c$ のどれを反転させても、結果が反転し照明の点滅を切り替えることができます。この回路の論理式は

$$(\bar{c} \wedge (a \oplus b)) \vee (c \wedge (\overline{a \oplus b}) = c \oplus (a \oplus b)$$

です。排他的論理和 $\oplus$ についても交換律と結合律が成り立つので、変数の順序を入れ換え、括弧なしに $a \oplus b \oplus c$ と書くのが普通です。

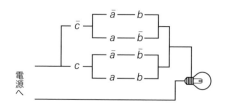

図 62 3か所から照明を点滅できるリレー回路

| c | a | b | a⊕b | a=b | a⊕b⊕c |
|---|---|---|-----|-----|-------|
| 0 | 0 | 0 | 0 | | 0 |
| 0 | 0 | 1 | 1 | | 1 |
| 0 | 1 | 0 | 1 | | 1 |
| 0 | 1 | 1 | 0 | | 0 |
| 1 | 0 | 0 | | 1 | 1 |
| 1 | 0 | 1 | | 0 | 0 |
| 1 | 1 | 0 | | 0 | 0 |
| 1 | 1 | 1 | | 1 | 1 |

　実際にはリレー回路でなく、2つの三路スイッチのあいだに四路スイッチというものを挟むことによって安あがりに実現しています。図 63(a) が四路スイッチで、名のとおり経路が4つあります。四路スイッチを左側に押すと、図の実線のように1と3、

2と4がつながります。四路スイッチを右側に押すと、図の破線のように1は4に、2は3につながります。

　この四路スイッチを2つの三路スイッチのあいだに挟んで、図63(b) の回路を作ります。3つのスイッチのどれを反転させても、消えている照明は点くこと、点いている照明は消えることを確かめてください。4か所以上のスイッチから点滅する照明は、三路スイッチのあいだに挟む四路スイッチの個数を増やせば作れます。

　三路スイッチと四路スイッチは、外から見たのでは区別がつきません。ON-OFFスイッチは、ONの側に印がつけてあることが多いと思います。三路スイッチと四路スイッチには印がありません。それは、どちらが点灯でどちらが消灯かは、他のスイッチの状態によって決まるからです。

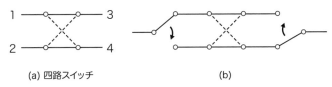

(a) 四路スイッチ　　　　　　　　　　　(b)

図63　3か所から照明を点滅できる回路（実際）

## 論理演算の性質

**【性質 11.1】** 論理和∨、論理積∧、否定‾という 3 つの論理演算にたいして、表 10 に示す性質が成り立ちます。$a, b$ などの変数名で書いてありますが、もちろんどの変数にたいしても成り立ちますし、式に置き換えても成り立ちます。

表 10 論理演算の性質

| 1) べき等律 | $a \vee a = a$ | $a \wedge a = a$ |
|---|---|---|
| 2) 交換律 | $a \vee b = b \vee a$ | $a \wedge b = b \wedge a$ |
| 3) 結合律 | $(a \vee b) \vee c = a \vee (b \vee c)$ | $(a \wedge b) \wedge c = a \wedge (b \wedge c)$ |
| 4) 分配律 | $a \vee (b \wedge c) = (a \vee b) \wedge (a \vee c)$ | $a \wedge (b \vee c) = (a \wedge b) \vee (a \wedge c)$ |
| 5) 同一律 | $a \vee 0 = a, \ a \vee 1 = 1$ | $a \wedge 1 = a, \ a \wedge 0 = 0$ |
| 6) 対合律 | $\overline{(\overline{a})} = a$ （否定の否定は元に戻る） | |
| 7) 補元律 | $a \vee \overline{a} = 1, \ \overline{1} = 0$ | $a \wedge \overline{a} = 0, \ \overline{0} = 1$ |
| 8) ド・モルガンの法則 | $\overline{a \vee b} = \overline{a} \wedge \overline{b}$ | $\overline{a \wedge b} = \overline{a} \vee \overline{b}$ |
| 9) 吸収律 | $a \vee (a \wedge b) = a$ | $a \wedge (a \vee b) = a$ |

どこかで見たような表ではありませんか？ そうです。第 8 講で出てきた「表 5 集合演算の性質」(p.72) にそっくりですね。実際、9) の吸収律を除いては、表 5 から次の書き換えを行うと表 10 が得られます。

集合 $A$ → 命題 $a$　　集合 $B$ → 命題 $b$　　集合 $C$ → 命題 $c$

和集合∪ → 論理和∨　積集合∩ → 論理積∧

補集合‾ → 否定‾

全体集合 $U$ → 真 1　　空集合 {} → 偽 0

∩を一般に使われる共通部分とか交わりという用語ではなく、積集合と呼んだのは論理積∧との対応を考えたからです。

　集合のときと同じように、2) の交換律は、∨や∧の前後の命題（論理変数

や論理式）を入れ換えてもよいことを示しています。3) の結合律は、∨（あるいは∧）の演算の順序を変えても、結果は変わらないことを示します。4) の分配律の右側は、数値のときの

$$a \times (b + c) = a \times b + a \times c$$

に相当する性質です。しかし、集合のときと同じように、左の性質も成り立ちます。

8) のド・モルガンの法則の左の性質 $\overline{a \vee b} = \overline{a} \wedge \overline{b}$ は、命題 $a$ と $b$ の論理和の否定は、$a$ の否定と $b$ の否定の論理積に等しいことを表します。右の性質 $\overline{a \wedge b} = \overline{a} \vee \overline{b}$ は、命題 $a$ と $b$ の論理積の否定は、$a$ の否定と $b$ の否定の論理和に等しいことを表します。つまり、否定をとると、論理和と論理積が反転するのです。集合のときのド・モルガンの法則によく似ていますね。

9) の**吸収律**は、集合のときは挙げませんでしたが、論理回路を作成するときによく用いられるので加えました。左の性質では $a \wedge b$ が $a$ に吸収されてしまう、右の性質では $a \vee b$ が $a$ に吸収されてしまう、と見立てて吸収律と呼ばれます。

**[演習 11.1]** 吸収律は、他の性質を組み合わせて導くことができます。吸収率の左の性質を、次の手順で証明してください。

　　　同一律の右　→　分配率の右　→　同一律の左　→　同一律の右

図 64 に、6) 対合律以外の性質について、リレー回路を用いてそれらの性質が成り立つことを示しました。

1) べき等律

$a \vee a = a$ 　　　　　　 $a \wedge a = a$

2) 交換律

$a \vee b = b \vee a$ 　　　　　　 $a \wedge b = b \wedge a$

## 3) 結合律

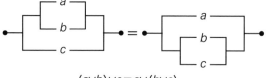

$$(a \vee b) \vee c = a \vee (b \vee c)$$

$$\bullet \mapsto a \!-\! b \mapsto c \rightarrow \bullet = \bullet \!-\! a \mapsto b \!-\! c \mapsto \bullet$$

$$(a \wedge b) \wedge c = a \wedge (b \wedge c)$$

## 4) 分配律

$$a \vee (b \wedge c) = (a \vee b) \wedge (a \vee c)$$

$$a \wedge (b \vee c) = (a \wedge b) \vee (a \wedge c)$$

## 5) 同一律

$$a \vee 0 = a \qquad a \wedge 1 = a$$

$$a \vee 1 = 1 \qquad a \wedge 0 = 0$$

## 7) 補元律

$$a \vee a = 1 \qquad a \wedge \bar{a} = 0$$

## 8) ド・モルガンの法則

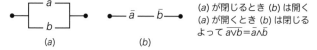

(a)　　　　(b)

(a) が閉じるとき (b) は開く
(a) が開くとき (b) は閉じる
よって $\overline{a \vee b} = \bar{a} \wedge \bar{b}$

$(c)$ が閉じるとき $(d)$ は開く
$(c)$ が開くとき $(d)$ は閉じる
よって $\overline{a \wedge b} = \bar{a} \vee \bar{b}$

9) 吸収律

$$a \vee (a \wedge b) = a \qquad\qquad a \wedge (a \vee b) = a$$

図64　論理演算の性質（表10）のリレー回路による説明

集合演算の性質と同じように、**双対性**も成り立っています。6) の対合律は別として、表9の左の性質に、

| 論理和∨ → 論理積∧ | 論理積∧ → 論理和∨ |
|---|---|
| 真1 → 偽0 | 偽0 → 真1 |

という置き換えを行うと、右の性質が得られます。右の性質から左の性質にも同様です。

これらの性質が成り立つことを、真理値表を使って証明することもできます。4) 分配律の左の性質を真理値表によって証明してみましょう。表11の真理値表のように、$a, b, c$ の取る0または1の値の組合せ8通りにたいして、$a \vee (b \wedge c)$ と $(a \vee b) \wedge (a \vee c)$ の値を計算していきます。求まった2つの列の値を比べるとまったく一致していますから、$a \vee (b \wedge c) = (a \vee b) \wedge (a \vee c)$ が証明されました。

表11　4) 分配律の左の性質の証明

| $a$ | $b$ | $c$ | $b \wedge c$ | $a \vee (b \wedge c)$ | $a \vee b$ | $a \vee c$ | $(a \vee b) \wedge (a \vee c)$ |
|---|---|---|---|---|---|---|---|
| 0 | 0 | 0 | 0 | 0 | 0 | 0 | 0 |
| 0 | 0 | 1 | 0 | 0 | 0 | 1 | 0 |
| 0 | 1 | 0 | 0 | 0 | 1 | 0 | 0 |
| 0 | 1 | 1 | 1 | 1 | 1 | 1 | 1 |
| 1 | 0 | 0 | 0 | 1 | 1 | 1 | 1 |
| 1 | 0 | 1 | 0 | 1 | 1 | 1 | 1 |
| 1 | 1 | 0 | 0 | 1 | 1 | 1 | 1 |
| 1 | 1 | 1 | 1 | 1 | 1 | 1 | 1 |

**[演習 11.2]** 次の性質のなかから 2 つ以上選んで、真理値表を使って証明してください。

a) 分配律の右の性質  $a \wedge (b \vee c) = (a \wedge b) \vee (a \wedge c)$

b) ド・モルガンの法則の左の性質  $\overline{a \vee b} = \overline{a} \wedge \overline{b}$

c) ド・モルガンの法則の右の性質  $\overline{a \wedge b} = \overline{a} \vee \overline{b}$

d) 吸収律の左の性質  $a \vee (a \wedge b) = a$

e) 吸収律の右の性質  $a \wedge (a \vee b) = a$

## なぜ集合演算の性質と論理演算の性質は似ているのか？

　集合演算の性質を示した表 5 と論理演算の性質を示した表 10 とは、よく似ています。なぜなのかを考えてみましょう。ある要素 $x$ にたいして、命題 $a$, $b$, $c$ を次のように定義します。

　　　命題 $a$：$x$ が集合 $A$ に属する

　　　命題 $b$：$x$ が集合 $B$ に属する

　　　命題 $c$：$x$ が集合 $C$ に属する

　そうすると、論理和 $a \vee b$ は「$x$ が集合 $A$ または集合 $B$ またはその両方に属する」となりますから、これは「$x$ が和集合 $A \cup B$ に属する」と同じです。論理積 $a \wedge b$ は「$x$ が集合 $A$, $B$ の両方に属する」となりますから、これは「$x$ が積集合 $A \cap B$ に属する」と同じです。否定 $\overline{a}$ は「$x$ が補集合 $\overline{A}$ に属する」となります。表 5 の集合演算の性質に上の 3 つの事実を適用すると、表 10 の論理演算の性質が導かれます。

---

### 第 11 講のまとめ

・論理演算のあいだには表 10 で示す性質が成り立つ。これは集合演算の性質に対応している。双対性も成り立っている。

---

### 演習の解答

[演習 11.1] $a \vee (a \wedge b) = (a \wedge 1) \vee (a \wedge b) = a \wedge (1 \vee b) = a \wedge 1 = a$

[演習 11.2]

a)

| a | b | c | b∨c | a∧(b∨c) | a∧b | a∧c | (a∧b)∨(a∧c) |
|---|---|---|-----|---------|-----|-----|-------------|
| 0 | 0 | 0 | 0 | 0 | 0 | 0 | 0 |
| 0 | 0 | 1 | 1 | 0 | 0 | 0 | 0 |
| 0 | 1 | 0 | 1 | 0 | 0 | 0 | 0 |
| 0 | 1 | 1 | 1 | 0 | 0 | 0 | 0 |
| 1 | 0 | 0 | 0 | 0 | 0 | 0 | 0 |
| 1 | 0 | 1 | 1 | 1 | 0 | 1 | 1 |
| 1 | 1 | 0 | 1 | 1 | 1 | 0 | 1 |
| 1 | 1 | 1 | 1 | 1 | 1 | 1 | 1 |

b)

| a | b | a∨b | $\overline{a∨b}$ | $\bar{a}$ | $\bar{b}$ | $\bar{a}∧\bar{b}$ |
|---|---|-----|------|-----|-----|------|
| 0 | 0 | 0 | 1 | 1 | 1 | 1 |
| 0 | 1 | 1 | 0 | 1 | 0 | 0 |
| 1 | 0 | 1 | 0 | 0 | 1 | 0 |
| 1 | 1 | 1 | 0 | 0 | 0 | 0 |

c)

| a | b | a∨b | $\overline{a∧b}$ | $\bar{a}$ | $\bar{b}$ | $\bar{a}∨\bar{b}$ |
|---|---|-----|------|-----|-----|------|
| 0 | 0 | 0 | 1 | 1 | 1 | 1 |
| 0 | 1 | 0 | 1 | 1 | 0 | 1 |
| 1 | 0 | 0 | 1 | 0 | 1 | 1 |
| 1 | 1 | 1 | 0 | 0 | 0 | 0 |

d)

| a | b | a∧b | a∨(a∧b) |
|---|---|-----|---------|
| 0 | 0 | 0 | 0 |
| 0 | 1 | 0 | 0 |
| 1 | 0 | 0 | 1 |
| 1 | 1 | 1 | 1 |

e)

| a | b | a∨b | a∧(a∨b) |
|---|---|-----|---------|
| 0 | 0 | 0 | 0 |
| 0 | 1 | 1 | 0 |
| 1 | 0 | 1 | 1 |
| 1 | 1 | 1 | 1 |

# 第12講　コンピューターの足し算回路を作ろう

　この講では、コンピューターが行っている2進法の足し算をする論理回路を考えます。引き算、掛け算、割り算については、後のコラムで大まかな方針だけを説明します。

## コラム12.1　　コンピューターはなぜ2進法を使っているのか?

　コンピューターでは計算その他に2進法を使っていることは、ご存知と思います。私たちはふだん10進法を用いています。これは人間の手の指が10本であることから来ていると言われています。なぜコンピューターは2進法を使っているのでしょうか?

　それは、一つには、2つの安定した状態を持ち、そのあいだで切り替えられるモノがたくさんあるからです。

　　・電流が流れているか、いないか
　　・リレーの接点が閉じているか、開いているか
　　・磁石のN極が上を向いているか、S極が上を向いているか

などです。

　もう一つの理由は、2つの安定した状態をもつモノは、10個の安定した状態をもつモノよりも作りやすく、信頼性が高いからです。電圧で考えてみましょう。2進法では0と1の2つの値しか表す必要がありません。0を0ボルト、1を5ボルトで表すことにします。電源の電圧が変化したり、雑音が入ったりしても、最大2.4ボルトの変動までは、0ボルトあるいは5ボルトに戻すことができます。近いほうの電圧に戻せばよいわけです。

　しかし、10進法で計算しようとすると、10個の安定した状態を作らなければなりません。上の例では、0を0ボルトで、1を0.5ボルトで、2を1.0ボルトで、……、9を4.5ボルトで表すことになります。許される電圧変動や雑音は0.24ボルトまでとなります。それ以上電圧が変わると、隣の値に化けてしまいます。

　こういう理由で、コンピューターでは2進法が使われているのです。

日常生活で使う数値を2進法で表すとすると、桁数が多くなることと、数字が0と1しかないことから、きわめて不便です。表12に、10進数の0から15までを2進数4桁で表しました。

表12　10進数と2進数の対応例

| 10進数 | 2進数 |
|---|---|
| 0 | 0000 |
| 1 | 0001 |
| 2 | 0010 |
| 3 | 0011 |
| 4 | 0100 |
| 5 | 0101 |
| 6 | 0110 |
| 7 | 0111 |
| 8 | 1000 |
| 9 | 1001 |
| 10 | 1010 |
| 11 | 1011 |
| 12 | 1100 |
| 13 | 1101 |
| 14 | 1110 |
| 15 | 1111 |

　2進数の4桁を右から見て、一番右の桁は$2^0=1$を、右から2桁目は$2^1=2$を、3桁目は$2^2=4$を、4桁目は$2^3=8$を意味します。したがって、たとえば1010は右から2桁目と4桁目が1ですから、$2+8=10$を意味するわけです。

　買い物をして、「1000100110円です」と言われたら、困りますよね。これは550円を2進法で表した数値です。ですから、コンピューターは2進法で計算しますが、人が入力するときは10進数を2進数に変換します。逆に、人に結果を表示するときは2進数を10進数に変換して、人に合わせています。これらの変換もコンピューターが2進法で行います。

## 2 進数 1 桁の足し算

それではまず、2 進数 1 桁の足し算を考えましょう。次のような規則になります。

$$0 + 0 = 0$$
$$0 + 1 = 1$$
$$1 + 0 = 1$$
$$1 + 1 = 10$$

2 進数では使える数字が 0 と 1 の 2 種類しかないので、$1 + 1$ がすでに 10（10 進法の 2）と 2 桁になってしまいます。そこで、足し算の答の下の桁を和 $s$ で、上の桁を**繰り上がり**（carry）$c'$ で表します。足される 2 つの数を入力 $a,b$ とすると、上の規則は表 13 にまとめられます。

表 13　2 進数 1 桁の足し算の規則

| 入力 $a$ | 入力 $b$ | 和 $s$ | 繰り上がり $c'$ |
|---|---|---|---|
| 0 | 0 | 0 | 0 |
| 0 | 1 | 1 | 0 |
| 1 | 0 | 1 | 0 |
| 1 | 1 | 0 | 1 |

これを見ると、和 $s$ は $a = 0$ かつ $b = 1$ のときと、$a = 1$ かつ $b = 0$ のときだけ 1 です。論理式で書くと、

$$s = (\overline{a} \wedge b) \vee (a \wedge \overline{b})$$

となります。これは排他的論理和 $a \oplus b$ ですね。

繰り上がり $c'$ は、$a$ と $b$ の論理積です。

$$c' = a \wedge b$$

リレー回路で表すと、図 65 になります。

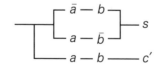

図 65　1 桁の 2 進数の足し算回路（半加算器）

## 2 桁以上の 2 進数の足し算

図 65 の回路では、2 進数 1 桁の足し算しかできません。2 桁以上の 2 進

数の足し算を行うには、下の桁からの繰り上がりを勘定に入れなければならないからです。そのため、図65の回路は**半加算器**（half adder）と呼ばれています。10進数の足し算でも、10の位より上では、下の桁からの繰り上がりも足しこまなければなりませんね。

**[演習 12.1]** ここで、2進数の足し算を少し練習してみましょう。

a) $\quad 101$ b) $\quad 101$ c) $\quad 1101$
$\quad +110$ $\quad +1011$ $\quad +1111$

2つの2進数1桁 $a$ と $b$ の和に、さらに下の桁からの繰り上がり $c$ を加えて、和 $s$ と上の桁への繰り上がり $c'$ がどうなるかを表にしてみます。それが次の表14です。下からの繰り上がりがない（$c = 0$）のときは、表13と同じになります。

表14　下からの繰り上がり $c$ を考慮した2進数1桁の足し算の規則

| 入力 $a$ | 入力 $b$ | 下からの繰り上がり $c$ | 和 $s$ | 繰り上がり $c'$ |
|---|---|---|---|---|
| 0 | 0 | 0 | 0 | 0 |
| 0 | 1 | 0 | 1 | 0 |
| 1 | 0 | 0 | 1 | 0 |
| 1 | 1 | 0 | 0 | 1 |
| 0 | 0 | 1 | 1 | 0 |
| 0 | 1 | 1 | 0 | 1 |
| 1 | 0 | 1 | 0 | 1 |
| 1 | 1 | 1 | 1 | 1 |

和 $s$ については、$c = 0$ のときは $a \oplus b$ になり、$c = 1$ のときは $a \oplus b$ の否定の $a = b$ になります。図62の3か所から照明を点滅する回路と同じ、$s = a \oplus b \oplus c$ ですね。

上の桁への繰り上がり $c'$ は、$a, b, c$ のうちの2つまたは3つが1のときに、1になります。論理式で書くと、

$$c' = (a \wedge b \wedge \bar{c}) \vee (a \wedge \bar{b} \wedge c) \vee (\bar{a} \wedge b \wedge c) \vee (a \wedge b \wedge c)$$

となります。これは、「$a, b, c$ のうちの2つ以上が1のときに1になる」と言い換えられますから、次のように簡単な式にすることができます。（論理式の簡単化については、次の第13講で学びます。）

$$c' = (a \wedge b) \vee (a \wedge c) \vee (b \wedge c)$$

　下からの繰り上がりを考えた2進数1桁の足し算回路は、図66のようになります。これを**全加算器**（full adder）と呼びます。

　何桁もの2進数の足し算は、一番下の桁の足し算に半加算器（図65）を使い、そこからの繰り上がりを順次1つ上の桁の全加算器（図66）に入れていきます。4桁（4ビット）の2つの2進数 $a_3 a_2 a_1 a_0$ と $b_3 b_2 b_1 b_0$ の加算器全体の構造は、図67のようになります。ここで、$a_3, a_2, a_1, a_0$ と $b_3, b_2, b_1, b_0$ は2進数を構成する1桁、つまり0か1です。16ビットや32ビットの2進数の足し算は、図67の全加算器を左のほうへさらにいくつも付け加えていけば作れます。

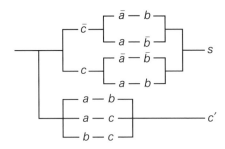

図66　下からの繰り上がりも加える回路（全加算器）

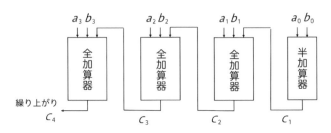

図67　4桁の2進数の足し算回路

**[演習 12.2]** 図67の一番左へ出てくる繰り上がり $c_4$ は**あふれ**、あるいは**オーバーフロー**（overflow）と呼ばれます。興味のある人は、あふれ（オーバーフロー）と、その処理のしかたについて調べてみてください。電卓での計算では、どういう現象に相当するでしょう？

このようにして作った足し算回路の各全加算器は、同時に並行して演算をすることができません。下の桁からの繰り上がりが決まるのを待たなければならないからです。そこで、足し算をもっと高速に実行するために、繰り上がり予測回路を付け加えたりします。

## コラム12.2 引き算、掛け算、割り算はどのように行うか

これで何桁もの2進数の足し算を行う論理回路ができました。引き算、掛け算、割り算については、大まかな考えかただけを説明しましょう。もっと詳しく知りたい人は、「付録 さらに勉強したいときは」に挙げた本などを参照してください。

### 2進数の引き算

引き算 $a - b$ は、引き算回路を作るのではなく、$a + (-b)$ として計算します。2進法において、$-b$ を $b$ の補数と呼ぶため、$b$ から $-b$ を作る（符号を反転する）回路は補数回路と呼ばれます。補数回路は引き算回路よりも簡単に作れるので、$-b$ を作った後、足し算回路で $a + (-b)$ を計算するほうが安くつくのです。

### 2進数の掛け算

まず、10進数での掛け算のしかたを、例で復習しましょう。

$$
\begin{array}{r}
365 \\
\times\ 118 \\
\hline
2920 \\
365\phantom{0} \\
365\phantom{00} \\
\hline
43070
\end{array}
$$

掛けられる数365に、掛ける数の下のほうから1桁ずつ掛けていきます。1桁掛けるごとに、掛けた答（積）は1桁ずつ左へずらして書きます。8の左の1は10を表しているからです。もう一つ左の1は同じ1でも100を表していますから、積は左へ2桁ずらして書いてあります。そのようにして求めた3つの積を足し算すれば、365×118という掛け算の答が求まります。

では、2進数の掛け算を考えてみましょう。例を示します。

$$
\begin{array}{r}
110 \\
\times\,1101 \\
\hline
110 \\
110\phantom{0} \\
110\phantom{00} \\
\hline
1001110
\end{array}
$$

　掛ける各桁は 0 か 1 ですから、掛け算の必要はありません。掛ける数の一番下（右）の桁は 1 ですから、線の次の行に、掛けられる数 110 をそのまま書きます。下から 2 番目の桁は 0 ですから、何もしないで次の下から 3 番目の桁に行きます。この桁は 1 ですから 110 を書くのですが、左へ 2 桁ずらした位置に書きます。一番上の桁の 1 にたいする積 110 は、さらに左に 1 桁ずらして書きます。後は、得られた 3 つの積を足し算すればいいわけです。

[演習 12.3] 上の掛け算は、10 進数に直せば 6×13 = 78 という計算です。110 が 10 進数の 6、1101 が 10 進数の 13、1001110 が 10 進数の 78 にあたることを確かめてください。

　掛け算をする回路は次のような考えで作ります。上の例では 3 つの積を計算してから足し算をしていますが、掛け算回路では、新しい積が求まるつど足しこんでいきます。箇条書きで説明すると、次のようになります。

・足し算回路を、和を求める回路として使用します。すなわち、1 回足し算を行ったら、求まった和を次の足し算の一方の入力として、もう一方の入力に新たに足す数を入れます。いくつかの数の和を電卓で求めるときの要領です。最初の和は 0 に設定しておきます。

・掛ける数（上の例では 1101）の下の桁から 1 桁ずつ順に見ていきます。それが 1 ならば、掛けられる数（上の例では 110）を足し算回路に入れて和を求めます。また、掛けられる数を左に 1 桁ずらします。（上の例では 110 が 1100 になります。2 倍になるわけです）。見た桁が 0 であったら、和への足しこみは行わないで、掛けられる数を左に 1 桁ずらすことだけを行います。

・これを、掛ける数の一番の下の桁から一番上の桁まで繰り返します。最後

に和として求まった数が掛け算の結果です。

　では、上に挙げた例で、掛ける数（1101）の各桁にたいして、足し算回路の和の内容がどのように変化していくかを見てみましょう。

　1番下の桁：1　和　0（初期値）＋110＝110

　2番目の桁：0　和　110のまま変わらない

　3番目の桁：1　和　110＋11000＝11110　（110は2回ずらされている）

　4番目の桁：1　和　11110＋110000＝1001110　（できた！）

　ですから、掛け算回路は、①足し算回路、②掛けられる数を左へ1桁ずらす回路（シフト回路と言います）、③上のやり方にしたがってそれらの回路を正しいタイミングで動かす回路（制御回路）から成りたっています。ここで説明した計算のしかたの記述は、アルゴリズム（コラム2.1、p.13）にほかなりません。

**[演習12.4]** アルゴリズムを流れ図で書ける人は、上の掛け算回路のアルゴリズムを流れ図で表現してください。

### 2進数の割り算

　割り算も10進数の割り算と同様に進めます。下に2進数の割り算の例を示します。割る数（110）を割られる数（1010000）から引ける位置まで右へずらしていって、引けたときの110の一番右の桁0と同じ位置に答として1を書きます。引き算の結果から、また110が引ける位置まで110を右にずらして、同じことを繰り返します。求まった割り算の答は、

　　　$1010000 \div 110 = 1101 \cdots$ 余り10

です。10進数に直すと、$80 \div 6 = 13 \cdots$ 余り2となっています。

$$
\begin{array}{r}
1101 \\
110\overline{)1010000} \\
-\ 110\phantom{0000} \\
\hline
100\phantom{000} \\
-\ 110\phantom{00} \\
\hline
100\phantom{0} \\
-\ 110 \\
\hline
10
\end{array}
$$

2進数なので、引けたら引く、引けなければ割る数 110 を右にずらすというように、掛け算の必要はありません。引き算をするには、割る数 110 の符号を反転した数（補数）を作っておいて、シフト回路で桁を右にずらしながら足し算回路を使います。

---

### 第 12 講のまとめ

・コンピューターではなぜ2進法を使っているのかを学んだ。

・1桁の2つの2進数を足し算するには、半加算器と呼ばれる回路を使う。

・2桁以上の2つの2進数の足し算をするには、下の桁からの繰り上がりも足さなくてはならない。そのために全加算器と呼ばれる回路を使う。

　　一番下の桁の足し算を半加算器で行い、繰り上がりを順次左の桁の全加算器に送って足し算をしていくと、何桁の2進数どうしでも足し算できる。

・引き算、掛け算、割り算の計算のしかたを大まかに理解した。

---

#### 演習の解答

[演習 12.1] a) 1011　b) 10000　c) 11100

[演習 12.4] 図 68 に流れ図の例を示します。

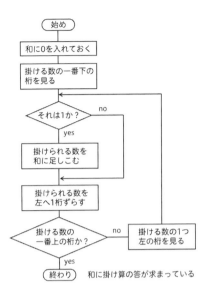

図 68 　演習 12.4 の解答例

# 第13講　さらに論理回路の応用を考えよう

## 論理演算の優先順位

　算数での演算と同じように、論理演算にも優先順位、すなわち演算の強さが決まっています。算数では、掛け算・割り算は、足し算・引き算よりも先に行う決まりでした。たとえば、$3 + 4 \times 5 - 6$ では、$4 \times 5 = 20$ を先に計算し、$3 + 20 - 6 = 17$ とするのでした。足し算・引き算を掛け算・割り算よりも先に計算するよう指定するには、$(3 + 4) \times (5 - 6)$ のようにかっこを使いました。

　論理演算でも、足し算に相当する論理和（OR）$\vee$ よりも、掛け算に相当する論理積（AND）$\wedge$ を先に計算します。つまり、論理積 $\wedge$ は論理和 $\vee$ よりも強いのです[1]。しかし、最も強い演算は否定（NOT）$\overline{\phantom{a}}$ です。つまり、論理演算では、かっこによる演算順序の指定がないかぎり、

$$\text{否定} \overline{\phantom{a}} \quad \rightarrow \quad \text{論理積} \wedge \quad \rightarrow \quad \text{論理和} \vee$$

の順に計算します。ただし、$\overline{a \vee b}$ や $\overline{a \wedge b}$ のように、$a \vee b, \, a \wedge b$ 全体に否定演算がかかっている場合は、$a \vee b$ や $a \wedge b$ を先に計算してから否定をとります。

　さらに、論理積の記号 $\wedge$ を省略して、$a \wedge b$ を $ab$ と書くことができます。これはアルファベットで表された変数にたいして、掛け算の記号を省略して $a \times b$ を $ab$ と書いたのと同じです。$a \wedge b$ を $ab$ と書くことによって、論理積 $\wedge$ が論理和 $\vee$ よりも強く結合している感じを表すことができます。そうでないと、慣れない人は、$\wedge$ と $\vee$ とどっちが強いんだったっけ？ ということになりかねませんから。

　前講で、全加算器の繰り上がり $c'$ を求める式
$$c' = (a \wedge b \wedge \overline{c}) \vee (a \wedge \overline{b} \wedge c) \vee (\overline{a} \wedge b \wedge c) \vee (a \wedge b \wedge c)$$
は、次のように簡単な式にすることができると述べました。

---

[1] 日常用語の「かつ」と「または」には優先順位が決まっていないので、たとえば「AかつBまたはC」と書くと、2とおりの解釈が生じます。

$$c' = (a \wedge b) \vee (a \wedge c) \vee (b \wedge c)$$

上の約束事に従うと、これらの式は次のように書けます。

$$c' = ab\bar{c} \vee a\bar{b}c \vee \bar{a}bc \vee abc \qquad (1)$$

$$c' = ab \vee ac \vee bc \qquad (2)$$

すっきりしました。


## 論理式の簡単化

上の式 (1) を式 (2) のように簡単化できることは、表 10（p.98）に示した論理演算の性質を用いると、証明することができます。（この証明がやっかいだと思う人は、［証明終わり］まで読みとばしてください。）

式 (1) から出発します。まず、左のべき等律を 2 回使って、$abc$ を 3 個に増やします。

$$c' = ab\bar{c} \vee a\bar{b}c \vee \bar{a}bc \vee abc \vee abc \vee abc$$

結合律と交換律を使うと、$\vee$ でつながれた 6 個の論理積の順序は任意に入れ替えることができます。そこで、$ab\bar{c} \vee abc$ に注目しましょう。分配律を 2 回使うと、

$$ab\bar{c} \vee abc = ab(\bar{c} \vee c)$$

となります。補元律を使うと $(\bar{c} \vee c)$ は 1 になり、同一律によって $ab \wedge 1$ は $ab$ になります。同じようにして、$a\bar{b}c \vee abc$ は $ac$ に、$\bar{a}bc \vee abc$ は $bc$ になります。よって、

$$c' = ab\bar{c} \vee a\bar{b}c \vee \bar{a}bc \vee abc = ab \vee ac \vee bc$$

が証明できました。

［証明終わり］


## カルノー図による簡単化

カルノー図（Karnaugh map）という図を用いると、論理式の簡単化が楽に見通しよくできます。Karnaugh は、この図を考案した人の名前です。

図 69(a) に 3 変数のカルノー図を示します。2 行 4 列のマス目からなります。図 (b) に示すように、下の 4 つのマスは $a$ に、上の 4 つのマスは $\bar{a}$ に対応する領域です。右の 4 つのマスは $b$ に、左の 4 つのマスは $\bar{b}$ に対応する領域です。

真ん中の4つのマスは $c$ に、両側の2つずつのマスは $\bar{c}$ に対応する領域です。図に示すように、カルノー図の左端と右端は輪の形につながっていて、$\bar{c}$ に対応する左端の2つのマスと右端の2つのマスは隣り合っていると考えてください。

それぞれのマスは $(a$ か $\bar{a}) \wedge (b$ か $\bar{b}) \wedge (c$ か $\bar{c})$ という論理積を表しています。ですから、左上のマスは $\overline{abc}$ を、右下のマスは $ab\bar{c}$ を表します。

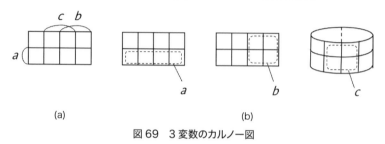

(a)                 (b)

図 69　3変数のカルノー図

**[演習 13.1]** 他の6つのマスが、それぞれどのような論理積を表しているか答えてください。

カルノー図を用いて、上でやった繰り上がり $c'$ の簡単化をやってみましょう。

$$c' = ab\bar{c} \vee a\bar{b}c \vee \bar{a}bc \vee abc$$

をカルノー図に書き込むと、図70になります。4つの論理積の位置のマスに1が書きこんであります。

図 70　カルノー図による $c'$ の簡単化

カルノー図を用いた論理式の簡単化は、次のルールにしたがって行います。

[ルール1]　4つの1が $2 \times 2$ の正方形、あるいは $1 \times 4$ の長方形にかたまっていれば、それらをまとめて1変数で表す。

[ルール2]　2つの1が隣り合ったマスにあれば、それらをまとめて2変数の論理積に置き換える。

［ルール3］ルール1、2を適用するのに、同じ1を何度も使うことができる。

　図70では、ルール1が適用できる2×2あるいは1×4の1の集まりはありません。ルール2が適用できる、2つの隣り合った1は3組あります。ルール3によって、abcのマスにある1を何度も使うことができますから、この3組にたいしてルール2を適用します。そうすると、下の行の右2つに並んでいる1はabに、下の行の中央の2つの1はacに、右から2列目に縦に並んでいる2つの1はbcになります。したがって、

　　　$c' = ab \vee ac \vee bc$

と簡単化されました。


**[演習 13.2]** 上記のルール1と2、およびルール3は、表10の論理演算の性質（p.98）のどれを使っていることになりますか？

[ヒント] 論理演算の性質を用いた簡単化の証明を読んだ人は、それが参考になります。


## コラム 13.1　　カルノー図とベン図は同じ

　図69のカルノー図は、集合間の関係を表すのに用いたベン図と実は同じものです。図71に両者を再掲します。比べてみてください。ベン図の3つの円で分けられた8個の領域が、カルノー図の8個のマスに対応しています。

　集合間の関係をイメージするのにはベン図のほうが向いていますが、論理式の簡単化にはカルノー図のほうがコンパクトでやりやすいのです。

　以下に4変数のカルノー図を導入しますが、4つの集合のベン図を正しく書くのはけっこう難しいのです。書いてみようと思う人は、挑戦してみてください。

[ヒント] 背景も含めて16個の領域に分かれなければいけません。

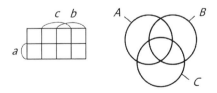

図71　カルノー図とベン図との比較

## 4 変数のカルノー図

図 72 に 4 変数のカルノー図を示します。各マス目の意味はもう説明しなくてもわかると思います。3 変数の場合と同じように、左端と右端は輪のようにつながっていると考え、さらにその輪の上端と下端もつながっていると考えてください。図を左右にぐっと引き伸ばして輪にして、輪の上端と下端をつなげると、ドーナツの形になります。そういうイメージでルールを適用してください。

簡単化のルールは少し変更する必要があります。

[ルール 0] $2 \times 4$ あるいは $1 \times 8$ の 8 つの 1 のかたまりは、それらをまとめて 1 変数で表す。

[ルール 1] 4 つの 1 が $2 \times 2$ の正方形、あるいは $1 \times 4$ の長方形にかたまっていれば、それらをまとめて 2 変数の論理積に置き換える。

[ルール 2] 2 つの 1 が隣り合ったマスにあれば、それらをまとめて 3 変数の論理積に置き換える。

[ルール 3] ルール 0 〜 2 を適用するのに、同じ 1 を何度も使うことができる。

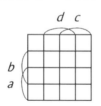

図 72　4 変数のカルノー図

**[演習 13.3]** カルノー図を用いて次の論理式を簡単化してください。

(a) $\bar{a}\bar{b}\bar{c} \lor \bar{a}b\bar{c} \lor ab\bar{c} \lor abc$

(b) $\bar{a}\bar{b}\bar{c} \lor \bar{a}b\bar{c} \lor a\bar{b}\bar{c} \lor ab\bar{c} \lor abc$

(c) $\bar{a}\bar{b}\bar{c}\bar{d} \lor \bar{a}b\bar{c}d \lor \bar{a}bc\bar{d} \lor \bar{a}bcd \lor a\bar{b}c\bar{d} \lor a\bar{b}\bar{c}d \lor abc\bar{d}$

**[演習 13.4]** 7 セグメント表示器というのは、0 から 9 までのどれかの値を、図 73 のように表示するものです（多少異なる表示をするものもあります）。入力は、0 〜 9 に対応する 2 進数 4 桁 $abcd$ で与えられます。（10 進数と 2 進数の対応を忘れた人は、p.105 の表 12 を見てください。）

図73　7セグメント表示

　左上のセグメントは、0,4,5,6,8,9 のときに光りますから、これを表す論理式
は

$$\overline{a}\overline{b}\overline{c}\overline{d} \vee \overline{a}b\overline{c}\overline{d} \vee \overline{a}b\overline{c}d \vee \overline{a}bc\overline{d} \vee a\overline{b}\overline{c}\overline{d} \vee a\overline{b}\overline{c}d$$

となります。これを、カルノー図を用いて簡単な式に直してください。

　やる気があれば、他のいくつかのセグメントについて試みてもよいでしょう。

### 実際のコンピューターやデジタル機器の論理回路

　リレー回路はスイッチという機械的な部分を含むため動作が遅いので、大電
流を流すとか、安全性を重視するといった特殊なところにしか現在では使われ
ていません。コンピューターやスマートフォン、さまざまなデジタル機器のなか
の論理回路は、トランジスタを非常に密に埋めこんだ大規模集積回路で作られ
ています。

　それらの論理回路は、論理積（AND）、論理和（OR）、否定（NOT）で
はなく、NAND と NOR で構成されています。NAND は NOT AND、つまり
論理積の否定、NOR は NOT OR、つまり論理和の否定です。トランジスタを
1 段使うと、電流の強弱が反転するため、NAND や NOR を基本にするほう
が実現しやすいからです。

### 記憶をもつ論理回路

　今まで学んできた論理回路は、現在の入力の値だけによって出力の値が決
まる回路でした。しかし、第 12 講の掛け算のやり方で説明したような、順序
よく物事を進める必要がある回路では、どこまで進んだのかを記憶しておく必
要があります。これまでの、現在の入力の値だけによって出力の値が決まる論
理回路を組み合わせ（論理）回路（combinational logic circuit）と言い、
過去の入力値を何らかの形で憶えていて、それによって動作が変わる論理回路
を順序論理回路（sequential logic circuit）、略して順序回路と言います。

コラム 5.2 で状態遷移図を紹介しました。いろいろな機器の操作・働きは、状態遷移図で設計して、順序回路で実現します。

　図 74 は最も簡単な順序回路の例です。最初、$s$ も $a$ も 0 だとしましょう。$s$ が 1 になると、電磁石に電流が流れますからスイッチ $a$ を引きつけて、以後閉じたまま（$a = 1$）にします。その後 $s$ が 0 に戻っても、閉じた $a$ を通って電流は流れますから、$a = 1$ のまま変わりません。つまり、$a$ は、過去に $s$ が 1 になったことがあるかないかを記憶していることになります。

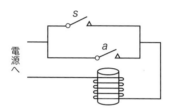

図 74　順序回路の例 1

　図 74 の回路では、いったん $a$ が 1 になったらずっと 1 のままですから、あまり実用にはなりません。図 75 の回路を考えてみましょう。最初、$s, r, a$ はすべて 0 だとしましょう。$s = 1$ になると、図 74 と同じように $a = 1$ になり、$s = 0$ に戻ってもその状態が続きます。しかし、$r$ が 1 になると、$s$ も $\bar{r}$ も開いていますから電磁石に電流が流れません。そこで $a = 0$ になります。$r$ が 0 に戻っても $a = 0$ は変わりません。つまり、この回路の $a$ は、$s$ と $r$ のどちらが最後に 1 になったかを記憶しているわけです。$s$ は set（1 にする）の略、$r$ は reset（0 にする）の略です。

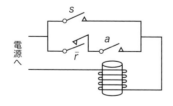

図 75　順序回路の例 2

　言い換えれば、図 75 の $a$ は、1 か 0 かの 1 ビットの記憶回路なのです。$a$

に1を書き込むには$s=1$とし、0を書き込むには$r=1$にすればよろしい。反対の値の書き込みが行われないかぎり、$a$の値は保たれます。

　この1ビットの記憶は、高速に動作するため、コンピューターの中央演算装置（CPU）のなかで演算や制御に使われています。しかし、コンピューターその他に必要な記憶装置（メモリ）としては、この回路を大量に並べるのではあまりにも高価につきます。そこで、主記憶やUSBメモリ、SSDでは半導体のある箇所の電子が多いか少ないかで、磁気ディスクでは磁化の方向で1ビットの記憶をし、それを大量に並べることで安価で高速な記憶装置を作っています。

## コラム13.2　　ブール代数と数学者ブール

　第9講からこの講まで学んできた命題論理や論理回路の数学は、**ブール代数**（Boolean algebra）と呼ばれます。情報科学・工学では**論理数学**という呼びかたもします。ブール代数は、これを考えたイギリスの数学者ブール（George Boole、1815-1864）から名づけられています。

　20世紀の半ばにコンピューターが開発され、驚異的な発達を遂げました。コンピューターの設計には、

出典：Wikipedia より引用

ブール代数が不可欠の基本的な道具です。カルノー図を用いた論理式の簡単化は、論理回路に必要なAND、OR、NOT（実際にはNAND、NOR）の個数を減らし、より安く簡単な回路の実現に寄与しています。

　もしブールがいま生きていて、コンピューターやスマートフォン、その他のデジタル機器を見たら、目を丸くして驚くでしょう。その発達に自分が考えたブール代数が役だっていることを知って喜ぶかもしれません。でも、意外と冷めた顔でこう言うのではないでしょうか。「私は面白いから考えただけだよ」と。

### 第 13 講のまとめ

・論理演算の優先順位は、

   否定（NOT）$\overline{\phantom{x}}$ → 論理積（AND）$\wedge$ → 論理和（OR）$\vee$

 の順である。変数間の論理積記号$\wedge$は省略してよい。

・カルノー図を用いて論理式を簡単化できる。

・カルノー図とベン図は同じである。

・記憶をもたない回路を組み合わせ回路、記憶をもつ回路を順序回路
 という。

・第 9 ～ 13 講で学んだ論理に関する数学は、ブール代数と呼ばれ、
 コンピューターをはじめとするデジタル機器の設計に広く用いられ
 ている。

#### 演習の解答

[演習 13.1] 上の行の左から 2 番目から右へ、$\overline{a}b\overline{c}$、$\overline{a}bc$、$\overline{a}b\overline{c}$；下の行の左から
右へ、$a\overline{b}\overline{c}$、$a\overline{b}c$、$abc$

[演習 13.2] ルール 1 と 2：分配律、補元律、同一律、ルール 3：べき等律

[演習 13.3] (a) $\overline{a}\,\overline{c} \vee b\overline{c} \vee ab$　(b)$\overline{c} \vee a\overline{b}$　(c) $\overline{b}c \vee \overline{b}\overline{d} \vee \overline{a}cd$

[演習 13.4] $\overline{a}b\overline{c} \vee \overline{a}bd \vee \overline{a}\,\overline{c}d \vee a\overline{b}\overline{c}$ または $\overline{a}b\overline{c} \vee \overline{a}bd \vee \overline{b}\overline{c}d \vee a\overline{b}\overline{c}$

## 第14講　関係について学ぼう

### 関係の例

　関係（relation）という概念を、例を使って説明しましょう。2つの異なるモノの集合を考えます。$P = \{$ 太郎, 次郎, 花子 $\}$ は人の集合、$S = \{$ 春, 夏, 秋, 冬 $\}$ は季節の集合とします。$P$ は person の頭字から、$S$ は season の頭字から取りました。

　太郎は春、夏、秋が好き、次郎は夏と冬が好き、花子は春と秋が好きであるとします。→という記号で「好きだ」という関係を表すことにすると、太郎→春、太郎→夏、太郎→秋、次郎→夏、次郎→冬、花子→春、花子→秋、と書けます。これは図76の2部グラフ（p.38で紹介）で表すこともできます。

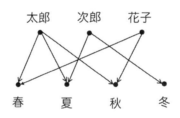

太郎　　次郎　　花子

春　　夏　　秋　　冬

図76　関係の例

### 順序対と直積集合

　集合 $P$ から一つの要素を、集合 $S$ から一つの要素をとって、その順に ( ) の中に並べたものを**順序対**(ordered pair)と言います。( 太郎 , 春 )や( 花子 , 冬 )は順序対です。集合 $P$ には3つの要素が、集合 $S$ には4つの要素がありますから、全部で $3 \times 4 = 12$ 個の順序対ができます。それらのすべてからなる集合を、**直積**（product）または**直積集合**と言い、$P \times S$ で表します。つまり、

$P \times S = \{($ 太郎 , 春 $), ($ 太郎 , 夏 $), ($ 太郎 , 秋 $), ($ 太郎 , 冬 $), ($ 次郎 , 春 $),$
　　　　　$($ 次郎 , 夏 $), ($ 次郎 , 秋 $), ($ 次郎 , 冬 $), ($ 花子 , 春 $), ($ 花子 , 夏 $),$

（花子 , 秋 ),（花子 , 冬 )}

　直積集合は、集合演算の一つとして習った積集合とは違いますので、注意してください。直積集合は、$P = \{$ 太郎 , 次郎 , 花子 $\}$ の要素と $S = \{$ 春 , 夏 , 秋 , 冬 $\}$ の要素を 2 次元に並べたような集合です。

　上で例示した「好きだ」という関係は、直積集合 $P \times S$ の部分集合なのです（図 77）。

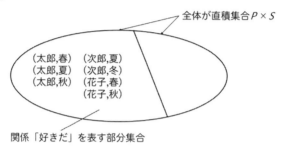

図 77　関係は直積集合の部分集合

　2 次元のベクトル、あるいは 2 次元平面上の点 $(x, y)$ の集合は、（実数の集合）× （実数の集合）という直積集合です。

[演習 14.1] 女性の集合 F = { 松子 , 竹子 , 梅子 , 桜子 } と男性の集合 M = { 太郎 , 次郎 , 三郎 } を考えます。松子は次郎・三郎と、竹子は次郎と、梅子は太郎・三郎と、桜子は 3 人すべてと、ダンスを「踊ってもいい」と思っているとします。

(a) 関係「踊ってもいい」を 2 部グラフで表してください。

(b) 直積集合 $F \times M$ の要素をすべて挙げてください。

(c) (b) で挙げた要素のうち、「踊ってもいい」という関係が成り立つ要素だけを選んでください。

## 2 項関係

　上の「好きだ」とか「踊ってもいい」という関係は、2 つのモノのあいだの関係でした。このような関係を 2 項関係と言います。関係には、3 つのモノのあいだの 3 項関係、4 つのモノのあいだの 4 項関係、……もあります。データベースの基本的な形式の一つである関係データベースでは、多くのモノ（項目）

のあいだの関係をデータとして蓄えています。

　この本では、関係として 2 項関係だけを取り扱います。

## 2 項関係の性質

　この講の初めに、関係を表す記号（たとえば→）の前後の 2 つのモノは「異なるモノ」と書きましたが、実は 2 つのモノは同じモノであってもかまいません。それどころか、2 つのモノは全く同じ集合であってもよいのです。これからは、**関係を表す記号の前後の 2 つのモノが同じ集合である 2 項関係**を考えます。

　そういう例をいくつか挙げてみましょう。

・整数の集合にたいして、整数 $a,b$ のあいだで $a > b$ という関係
・与えられたグラフの頂点の集合にたいして、2 つの頂点が辺（有向グラフならば有向辺）で結ばれているという関係
・ある小学校の 1 年生の生徒の集合にたいして、2 人の 1 年生が同じクラスであるという関係
・じゃんけんで出す手の集合 { グー , チョキ , パー } にたいして、自分の手が相手の手に勝つという関係

　直積集合 $S \times S$ のうえで定義された関係 R を考えます。つまり、集合 $S$ の要素 $a$ と $b$ を取りだしたとき、$a$R$b$ か、そうでないかのどちらかです。R は関係を一般的に表すときに用いられる記号です。R が記号というのは変ですが、関係にたいする英語 relation の頭字です。

　関係 R について次の性質が成り立つとき、その関係は、それぞれ反射的、対称的、推移的であると言います。

(1) **反射的**（reflective）　　どの要素 $a$ にたいしても、$a$R$a$
(2) **対称的**（symmetric）どの 2 つの要素 $a,b$ にたいしても、$a$R$b$ ならば $b$R$a$
(3) **推移的**（transitive）　どの 3 つの要素 $a,b,c$ にたいしても、（$a$R$b$ かつ $b$R$c$）ならば $a$R$c$

　(1) の反射的は、自分自身にたいして関係 R が成り立つという性質です。(2) の対称的は、$a$ が $b$ にたいして関係 R にあれば、逆に $b$ も $a$ にたいして関係

R にあるという性質です。(3) の推移的は、$a$ が $b$ にたいして関係 R にあり、かつ、$b$ が $c$ にたいして関係 R にあれば、$a$ は $c$ にたいして関係 R にあるという性質です。推移律という概念はすでに何度か出てきましたね。

**[演習 14.2]** 次のそれぞれの関係が、反射的、対称的、推移的であるかどうかを考えてください。

(a) 整数の集合にたいして、整数 $a, b$ のあいだで $a > b$ という関係

(b) ある全体集合 $U$ のすべての部分集合のあいだで、集合 $A$ が集合 $B$ の部分集合である（集合 $A$ が集合 $B$ に含まれる）、すなわち $A \subset B$ という関係

(c) 与えられた無向グラフの頂点の集合にたいして、頂点 A が頂点 B と辺で結ばれているという関係

(d) ある小学校の 1 年生の生徒の集合にたいして、A さんが B さんと同じクラスであるという関係

(e) 小学校のあるクラスの生徒の家の集合にたいして、A さんの家から B さんの家へ歩いて 10 分以内で行けるという関係

(f) 平面上の線分の集合にたいして、線分 A が線分 B と平行であるという関係

### 同値関係と同値類

反射的、対称的、推移的という 3 つの性質をすべて満たす関係を、**同値関係**（equivalence relation）と呼びます。演習 14.2 をやった人は、すでに例を 2 つ見つけているはずです。別の例を挙げてみましょう。

都道府県庁所在地の集合を対象とします。その 1 つの都市からもう 1 つの都市へ、橋やフェリーで海を渡ることもせず、海底トンネルも通らないで車で行けるという関係を考えます。

・ある都市からその同じ都市へは上の条件で行けますから、反射的です。

・ある都市 $a$ から別の都市 $b$ へ上の条件で行けるならば、逆の経路で $b$ から $a$ に行くことができますから、対称的です。

・推移的でもあります。なぜなら、都市 $a$ から都市 $b$ へ上の条件で行くことができ、都市 $b$ から都市 $c$ へも上の条件で行くことができるならば、都市 $a$ から都市 $c$ へ上の条件で行くことができるからです。都市 $b$ を経由して行けば

よいからです。

　同値関係によって、対象とする集合をいくつかの部分集合に分け、各部分集合のなかでは互いに同値関係が成り立つようにすることができます。そのような部分集合を**同値類**（equivalence class）と呼びます。
　上の例では次の同値類に分かれます。各同値類には適切な名前を付けました。

北海道類＝{ 札幌 }

本州類＝{ 青森 , 秋田 , 盛岡 ,……, 広島 , 山口 }

四国類＝{ 徳島 , 高松 , 高知 , 松山 }

九州類＝{ 福岡 , 佐賀 , 長崎 , 大分 , 熊本 , 宮崎 , 鹿児島 }

沖縄類＝{ 那覇 }

　本州類は 35 都市からなるので、一部省略しました。図に示すと、図 78 のようになります。

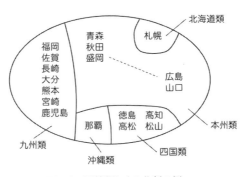

図 78　同値類による分割の例

　人の集合にたいして、「AさんとBさんは○○が同じ」という関係は同値関係になります。○○としては、たとえば、誕生月、ABO 式の血液型、姓、生まれた都道府県、勤務先、卒業高校など、いろいろと考えられます。それらの同値関係によって同値類に分かれます。

　同値類への分割は、コラム 8.1（p.74）で学んだ MECE（Mutually

Exclusive, Collectively Exhaustive）になっています。逆は真ならずで、MECE が同値類であるとはかぎりません。

[演習 14.3] 次のような関係の例を、それぞれ 1 つ以上ずつ挙げてください。ただし、これまでの演習に出てきた関係は除きます。
(a) 同値関係
(b) 反射的で推移的であるが、対称的ではないので同値関係にならない関係
(c) 反射的で対称的であるが、推移的ではないので同値関係にならない関係

---

### 第 14 講のまとめ

・関係は、直積集合の部分集合として定義される。
・同じ集合にたいする 2 項関係では、反射的、対称的、推移的という性質を満たす関係とそうでない関係がある。
・反射的、対称的、かつ推移的である 2 項関係を同値関係と呼ぶ。同値関係は、対象とする集合を同値類に分割する。

---

#### 演習の解答
[演習 14.1] (a) 図 79

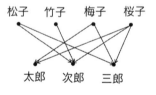

図 79　演習 14.1(a) の解答

(b) ( 松子 , 太郎 ), ( 松子 , 次郎 ), ( 松子 , 三郎 ), ( 竹子 , 太郎 ), ( 竹子 , 次郎 ), ( 竹子 , 三郎 ), ( 梅子 , 太郎 ), ( 梅子 , 次郎 ), ( 梅子 , 三郎 ), ( 桜子 , 太郎 ), ( 桜子 , 次郎 ), ( 桜子 , 三郎 )

(c) ( 松子 , 次郎 ), ( 松子 , 三郎 ), ( 竹子 , 次郎 ), ( 梅子 , 太郎 ), ( 梅子 , 三郎 ), ( 桜子 , 太郎 ), ( 桜子 , 次郎 ), ( 桜子 , 三郎 )

[演習 14.2]
(a) 反射的 ×、対称的 ×、推移的○
(b) 反射的○、対称的 ×、推移的○
(c) 反射的○、対称的○、推移的 ×
(d) 反射的○、対称的○、推移的○
(e) 反射的○、対称的 ×、推移的 ×
(f) 反射的○、対称的○、推移的○
（補足説明）
(b) 集合 $A$ が集合 $B$ の部分集合であるという関係 $A \subset B$ は集合それ自身についても成り立つ、すなわち $A \subset A$ と定義しましたから。
(c) 多くの関係が、グラフの頂点間に辺があるという関係に抽象化されます。たとえば、A さんは B さんの知り合いである、A 駅から B 駅へは乗り換えなしに行ける、など。
(e) 対称的を○とされた人は、残念でした。A さんの家から坂を下って B さんの家へ 10 分ちょうどで行けるとすると、B さんの家から A さんの家へは 10 分より長くかかるかもしれません。A さんの家から B さんの家へは 500m 以内であるという関係ならば、対称的です。これも抽象化すれば (c) になる例ですね。
(f) 線分は自分自身とも平行であると解釈しました。
[演習 14.3]
(a) 演習 14.2 の (d)、(f) は同値関係です。他の例を挙げます。兄弟姉妹であるという関係。ある英和辞典の見出しになっている英単語の集合にたいして、最初の文字が同じアルファベットであるという関係。車の集合にたいして、製造メーカーが同じという関係。正整数 a と b が、4 で割った余りが等しいという関係。
(b) 演習 14.2 の (b) はその一例です。数値にたいする≦に当ります。＝付きの大小関係に当るものは、これに相当します。たとえば、自分自身を含めた自分の子孫、正整数 $a$ が正整数 $b$ によって割り切れるという関係も。
(c) 演習 14.2 の (c) はその一例です。抽象化するとそれになる関係の例は、演習 14.2 の補足説明で紹介しました。

# 順序関係について知ろう

## 半順序関係と全順序関係

　前の講で定義した、同じ集合にたいする2項関係の3つの性質に、もう1つ追加します。

(4)　**反対称的**（asymmetric）

　　どの2つの要素 $a, b$ にたいしても、$a R b$ かつ $b R a$ ならば、$a = b$

　関係 R が反射的、反対称的、かつ推移的であるならば、R は**半順序関係**（partial ordering）であると言われます。半順序関係のありふれた例は、数値にたいする≦や≧と、部分集合を示す⊂や⊃です。

　関係 R が定義された集合のすべての要素 $a, b$ にたいして、$a R b$ か $b R a$ のどちらかが成りたつならば、R は**全順序関係**（total ordering）であると言われます。つまり、どの2つの要素にたいしても順序がつけられる半順序関係です。この定義によれば、全順序関係は半順序関係でもありますが、以後この本では、半順序関係とは、全順序関係でない半順序関係だけを指すことにします。つまり、$a R b$ も $b R a$ も成り立たない（**比較不能な**）要素 $a, b$ が存在する場合に、半順序関係と呼ぶわけです。また、全順序関係を全順序、半順序関係を半順序と略します。

　上に挙げた例で、数値にたいする≦や≧は全順序ですが、集合にたいする⊂や⊃は半順序です。

## 全順序関係と半順序関係の例

　順序と言うと、人はふつう全順序を思い浮かべるのではないかと思います。小さい順、あるいは大きい順に一列に並べられる順序関係が全順序です。いろいろなものにたいして作られるランキングは全順序です。年、月、日、地震の震度、台風の強さや大きさ、温度、音の高さ、辞書のなかの単語も全順序です。

半順序の例を見てみましょう。

(1) 集合 $U = \{a,b,c\}$ の部分集合は 8 通りあります。それらのあいだには、図 80 のような半順序関係があります。この図は、次のルールで描かれました。

　①部分集合 $A$, $B$ のあいだで $A \supset B$ が成り立ち、かつ

　②$A \supset X \supset B$ を満たす部分集合 $X$ がないとき、

$A$ を $B$ より上に置いて、下向きの矢印で結びます。このような図を**ハッセ図** (Hasse diagram) と呼びます。なお、図 80 は、図 44 (p.69) と同じものです。

　部分集合 $\{a,b,c\}$ は部分集合 $\{b\}$ を含んでいますが、それは $\{a,b,c\}$ から下に $\{a,b\}$ または $\{b,c\}$ へたどり、さらに下に $\{b\}$ へたどるという推移的性質を使って示されます。②の条件は、このように推移的性質を使って間接的に関係 $\supset$ が言える部分集合間には矢印を引かないというルールです。

　部分集合 $\{a,b\}$ は部分集合 $\{c\}$ を含みもせず、含まれもしないので、比較不能です。このような要素の対があるので、集合 $U = \{a,b,c\}$ の部分集合間の関係 $\supset$ は半順序です。

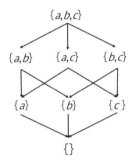

図 80　$U = \{a,b,c\}$ の部分集合のあいだの $\supset$ 関係

　図 80 のハッセ図は、針金で作った立方体の形をしています。これは、3 変数のカルノー図（図 69、p.116）と同形です。カルノー図の各マスの中心に点を置き、隣り合うマスの点のあいだを線で結ぶと、図 80 と同じになります。図 69 の右の図のように、曲げて左端と右端をくっつけて輪にすると、上側のマスを結ぶ線は立方体の上側の正方形を、下側のマスを結ぶ線は立方体の下側の正方形を、上下のマスを結ぶ線は立方体の縦の辺になります。そこで、図 80

を 3 変数の**ブール束（そく）**（Boolean lattice）[1] と呼びます。

**［演習 15.1］** 集合 {1,2,3,4} にたいする大小関係≧のハッセ図を描きなさい。

**［演習 15.2］** 集合 $U = \{a,b,c,d\}$ の部分集合にたいして、部分集合のあいだの「含む」関係⊃のハッセ図を描きなさい。上の例の集合 $U$ の要素を 3 つから 4 つに増やすわけです。

(2)　図 81 は、8 チーム A ～ H によるトーナメント方式の試合（勝ち抜き戦）の結果です。太線のように勝ち上がり、チーム H が優勝しました。チーム X がチーム Y と対戦して勝ったとき、「X は Y より強い」と言い、X ＞ Y と書くことにします[2]。たまたま勝っただけなのかもしれませんが、そう定義します。推移的であるとして、X ＞ Y かつ Y ＞ Z ならば、X ＞ Z とします。たとえば、B ＞ A で、かつ C ＞ B ですから、C ＞ A となります。この定義によれば、H は他のどのチームよりも強いことがわかります。

　しかし、C と G を比べると、C ＞ G も G ＞ C も言えません。つまり、C と G は比較不能です。G についてわかっていることは、優勝した H より弱いことだけですから、G がもし A,B,C,D のどれかと入れ替わっていたら、決勝戦で H と対戦して敗れていたかもしれません。このように、トーナメント方式でのチーム間の「強い」という関係は半順序です。

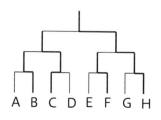

**図 81　あるトーナメントの結果**

(3)　仲の良い子どもたちが模試の成績を競争しています。科目は国語と数学で、A さんが国語でも数学でも B さんの点数と同じか高かったら、A さんは B

---

1　ブール束は束（そく、lattice）の一種です。束は、グラフや木と同じように、数学的に定義された概念です。正確な定義などを知りたい人は、「付録　さらに勉強したいときは」の (1)、(2) を見てください。
2　反射的かつ反対称的であるためには、「勝った」に「引き分け」も含める必要があります。

さんに「勝った」と言って威張れます。今度の模試では、

　　Ａさんは国語 72 点、数学 80 点

　　Ｂさんは国語 58 点、数学 85 点

　　Ｃさんは国語 63 点、数学 75 点

でした。Ａさんは C さんに勝ったことになります。しかし、Ａさんと B さんのあいだ、および B さんと C さんのあいだでは、どちらも勝ったことにはなりません。このように、ベクトル量の大小関係は一般に半順序になります。もちろん、合計点で比べれば全順序になりますが、そのような評価法がつねに良いとはかぎりません。

**[演習 15.3]** 全順序でない半順序の例を他にも見つけてください。反射的でなくても、反対称的でなくてもかまいません。

[注意]半順序の例を見つけるのは意外に難しいので、ある程度考えて思いつかなければ、解答を見てください。

### じゃんけんは順序関係ではない

　じゃんけんで出す手の集合 { グー , チョキ , パー } にたいして、ある手が別の手に「勝つか引き分け」という関係を≧で表すことにします。この関係は、反射的で反対称的ですが、推移的ではありません（図 82(a)）。したがって、この関係は全順序にも半順序にもなりません。このような関係は「三すくみ」と言われます。図 (b)、(c) に示すように、虫拳（蛇、蛙、なめくじ）や狐拳（狐、庄屋、鉄砲）も同じ構造をしています。

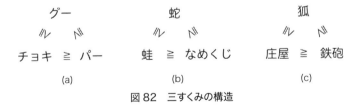

図 82　三すくみの構造

　これで、デジタル数学の講義を終わります。コラム 1.3 で述べた考えかたの道具、思考のモデルを手に入れることができましたでしょうか？

**演習の解答**

[演習 15.1] 図 83。一般に、全順序のハッセ図はこのように縦に一列になります。

**図 83　演習 15.1 の解答**

[演習 15.2] 図 84 に示します。4 変数のブール束と呼ばれます。これは 4 変数の
カルノー図（図 72、p.118）と同形です。3 変数のブール束が立方体であったよう
に、4 変数のブール束は 4 次元超立方体 (b) になります。あなたはいま 4 次元空間
を見ているのです！

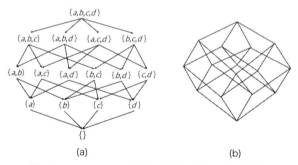

(a) (b)

**図 84　U = {a,b,c,d} の部分集合のあいだの⊃関係**

[演習 15.3] 例を 3 つ示します。

(1) ABO 式の血液型のあいだで、輸血可能か否か。輸血可能な組合せは、同じ型
　どうし以外に O → A、O → B、O → AB、A → AB、B → AB です。反射的、

反対称的、かつ推移的です。A 型と B 型のあいだでは、どちらからも輸血ができませんので、半順序になります。

(2) 第 4 講でやった「最長経路問題——プロジェクトの実行に何日かかるか」で取りあげた仕事間の順序関係（たとえば図 19、p30）は、半順序になっています。衣類を身につけている状態から、一つひとつ脱いでいって裸になる作業を想像してみてください。

(3) B さんが A さんの「子孫である」という関係は、半順序です。ただし、反射的で反対称的にするために、「子孫」には自分自身を含めることにします。言い換えれば、「自分自身か、自分の子か、子の子か、子の子の子か、……」という関係です。

　第 6 講で学んだ木で言えば、「節点 B が節点 A 自身か、節点 A から枝を下へ下へとたどって行きつくことができる」という関係になります。この逆の「自分も含めて先祖である」、つまり「自分自身か、自分の親か、親の親か、親の親の親か、……」という関係も半順序です。これは実生活でも木でも変わりません。実際、木の理論や操作では「子孫」「先祖」という用語が使われます。

# 付　録 —— さらに勉強したいときは

デジタル数学（離散数学）全般
(1) 延原肇：『応用事例とイラストでわかる離散数学』、共立出版、2015
(2) Seymour Lipshutz：『マグロウヒル大学演習 離散数学 コンピュータサイエンスの基礎数学』、オーム社、1995

第1講　ケーニヒスベルクの橋を渡ろう
(3) 田澤新成・白倉暉弘・田村三郎：『やさしいグラフ理論 パズルを題材として』、現代数学社、1988（絶版）
(4) 細谷功：『具体と抽象－世界が変わって見える知性のしくみ』、発行：dZERO、発売：インプレス、2014

第3講　いよいよグラフ理論へ
(5) 一松信：『四色問題　どう解かれ何をもたらしたのか』、講談社ブルーバックス、2016

第5講　グラフで表してみよう
(6) 増田直紀：『私たちはどうつながっているか ネットワークの科学を応用する』、中公新書、2007
(7) 梅津信幸：『あなたはコンピュータを理解していますか?』、第3章、サイエンス・アイ新書、2007。自動販売機からコンピューターへの面白い橋渡しです。

第7講　ものの集まり――集合を視覚化しよう、第8講　集合を操作しよう
(8) 遠山啓：『無限と連続』、第1章、岩波新書、1952。名著でロングセラーです。
第9講　論理に強くなろう
(9) 野矢茂樹：『入門! 論理学』、中公新書、2006

第 10 講　論理回路を作ってみよう、第 12 講　コンピューターの足し算回
　　　　路を作ろう
　(10)『川添愛：コンピュータ、どうやってつくったんですか?』、東京図書、
　　　2018
　(11) 安野光雅：『わが友石頭計算機』、文春文庫、1987

第 14 講　関係について学ぼう、第 15 講　順序関係について知ろう
　(8) 遠山啓：『無限と連続』、第 1 章、岩波新書、1952

# あとがき

　この本は、私が静岡大学情報学部の文系の学生に「情報視覚化論」という
授業で教えた内容が基になっています。

　静岡大学情報学部は、新設の学部として 1996 年 4 月に第 1 期生を迎えま
した。情報学部は情報科学科という工学系の学科と情報社会学科という文系
の学科からなるという珍しい構成です。私は情報科学科に属していましたが、
情報社会学科の 3 年生に「情報視覚化論」という授業をやって欲しいと頼ま
れました。「あなたしかできる人は居ませんから」という懇願（脅迫？）でした。

　今でこそ『情報視覚化論』というタイトルの本もありますが、当時は情報視
覚化論という分野すらなかったのです。断りたかったのですが、「文部科学省
に申請したカリキュラムに入っていますから、開講しないわけにはいきません」
と言われて、絶句……。「誰だ、そんな科目を入れたのは！」と怒ってみても、
後の祭りです。学部長として「文工融合」という旗を振っていた手前もあり、
引き受けざるを得ませんでした。

　問題は、どんな授業内容にするかです。情報社会学科の先生たちは、表形
式のデータのグラフ化や、プレゼンテーションのスライドの準備のしかたあたり
を考えていたみたいです。でも、そんな内容ではとても 15 週はもちません。考
えあぐねたすえ、離散数学、つまりこの本の内容を教えることにしました。最
初の日に学生に「離散数学を勉強してもらいます。なるべく文系向けの内容に
しますから。見ようによっては情報の視覚化と言えなくもないので、勘弁してく
ださい」と断って始めました。

　これが、文系でも取りつきやすい（理系にもよくわかる）「デジタル数学」の
誕生です。講義資料を読み返してみると、「えっ、こんな難しいことまで教えて
いたのか」と驚く題材もありました。この本では、そういう題材は削りました。

　こういうとんでもないいきさつで、文系向けのデジタル（離散）数学という難
しい授業に付き合ってくれた情報社会学科初期の学生さんたちにお礼を言いま
す。文系の人たちにとってわかりにくいところや、誤解しやすいところを知るこ
とができたのも、この本に反映させたつもりです。

　出版にさいして激励とご助言をいただいた近代科学社フェローの小山透氏に御礼申し上げます。編集の安原悦子さんは注意深く、きれいなレイアウトに仕上げてくださいました。

　おわりに、日々の生活と健康を支えてくれている妻宣子と子どもたちに感謝します。

# 索　引

**著者略歴**

阿部圭一 (あべ けいいち)

1968 年　名古屋大学大学院博士課程了、工学博士。
静岡大学、愛知工業大学を経て、現在はフリー。静岡大学名誉教授。
専門は情報学、情報教育。

**主要著書**
『明文術　伝わる日本語の書きかた』(NTT 出版、2006 年)
『「伝わる日本語」練習帳』(共著、近代科学社、2016 年)

装丁・組版　安原悦子
編集　小山透, 高山哲司

# よくわかるデジタル数学
## ― 離散数学へのアプローチ ―

2020 年 10 月 31 日　　初版第 1 刷発行

著　者　　阿部 圭一
発行者　　井芹 昌信
発行所　　株式会社近代科学社
　　　　　〒162-0843 東京都新宿区市谷田町 2-7-15
　　　　　電話 03-3260-6161　振替 00160-5-7625
　　　　　https://www.kindaikagaku.co.jp/

© 2020 Keiichi Abe
Printed in Japan
ISBN978-4-7649-0622-8
印刷・製本　　藤原印刷株式会社

# 「伝わる日本語」練習帳

著者：阿部 圭一・冨永 敦子

頁数：168
判型：A5
ISBN978-4-7649-0455-2

## 必携、文章技術バイブル !!

　本書は、文章の書き方に始まり、パラグラフの組み立て方や、文章全体の構成の組み立て方、さらには文書の書き方まで、レポートや論文等を書くための基本となる知識を実践的に習得することができる練習帳です。

　たくさんの演習問題をしっかり解いていけば、正確で伝わりやすい文章技術を習得できるでしょう。

# あなたの？の答えがきっとある！
# 知ってる？シリーズ

### どこから読んでも面白い！欧米で超人気の教養書を完全翻訳！

**人生に必要な数学50**
トニー・クリリー［著］
野崎昭弘［監訳］
対馬 妙［翻訳］

**人生に必要な哲学50**
ベン・デュプレ［著］
近藤隆文［翻訳］

**人生に必要な物理50**
ジョアン・ベイカー［著］
和田純夫［監訳］
西田美緒子［翻訳］

**人生に必要な遺伝50**
マーク・ヘンダーソン［著］
斉藤隆央［翻訳］

**人生に必要な心理50**
エイドリアン・ファーナム［著］
松本剛史［翻訳］

**人生に必要な経営50**
エドワード・ラッセル＝
ウォリング［著］
月沢李歌子［翻訳］

（B5変型判・定価各2,000円＋税）